"十二五"国家重点图书出版规划项目

中国森林生态网络体系建设出版工程

中国抑螺防病林

Snail Prevention Forest for China

彭镇华　等著

Peng Zhenhua etc.

中国林业出版社

China Forestry Publishing House

图书在版编目（CIP）数据

中国抑螺防病林 / 彭镇华等著 . —北京：中国林业
出版社，2015.6
（中国森林生态网络体系建设出版工程）
"十二五"国家重点图书出版规划项目
ISBN 978-7-5038-7994-4

Ⅰ. ①中…　Ⅱ. ①彭…　Ⅲ. ①造林 – 灭钉螺 – 研究 –
中国　Ⅳ. ①S72 ②R184.38

中国版本图书馆 CIP 数据核字（2015）第 108542 号

出版人：金　旻
中国森林生态网络体系建设出版工程
选题策划　刘先银　策划编辑　徐小英　李　伟

中国抑螺防病林

编辑统筹　刘国华　马艳军
责任编辑　李　伟　刘先银

出版发行　中国林业出版社
地　　址　北京西城区刘海胡同 7 号
邮　　编　100009
E - mail　896049158@qq.com
电　　话　（010）83143525　83143544
制　　作　北京大汉方圆文化发展中心
印　　刷　北京中科印刷有限公司
版　　次　2015 年 12 月第 1 版
印　　次　2015 年 12 月第 1 次
开　　本　889mm×1194mm　1/16
字　　数　225 千字
印　　张　9
彩　　插　24 面
定　　价　99.00 元

目 录
CONTENTS

绪　　论

　　森林是陆地生态系统的主体，保护和发展森林是保护生态环境和建设生态文明的根基。多年来，面对复杂严峻的生态环境问题，我国政府高度重视林业工作，先后实施了"三北"防护林体系、长江中上游防护林体系、沿海防护林体系、平原农田防护林体系、天然林资源保护工程、京津风沙源治理工程等一系列重大林业生态工程建设，取得了明显成效，呈现出许多"沙漠变绿洲""盐海变桑田"的喜人景象。林业建设在保护国家生态安全、提升人们生态福祉、促进绿色低碳发展、以及应对全球气候变化与保护生物多样性等诸多方面，都发挥了重要作用，为生态改善与民生发展方面作出了积极贡献。充分彰显了林业的多功能、多效益，以及林业在生态建设中的主体地位和独特作用。

　　血吸虫病是人类的一大公害。我国是世界上血吸虫病流行最为严重的国家之一，长期以来我国有上千万人的身体健康受到血吸虫病极大危害。曾出现"千村薜荔人遗矢，万户萧疏鬼唱歌"的悲惨景象。在历届政府的重视和关心下，经过各方面数十年努力，我国的血吸虫病人大幅减少，血防工作取得了举世瞩目的巨大成就。但是由于血吸虫病流行的复杂性、不稳定性和反复性，以及不断出现的新情况、新问题，都给血吸虫病防治带来了极大困难与挑战，导致我国血吸虫病一直难以彻底消灭，血吸虫病的威胁依然在流行区广泛存在，有时甚至出现回升反复。因此，实现血吸虫病的有效防治和根本控制是血防工作的主要目标和艰巨任务。

　　血吸虫病防治是一项世界性难题，国际社会高度关注并一直努力寻求解决。如何发挥林业作用，利用林业防治血吸虫病，这是一个从未有过的全新设想。这样的大胆尝试，是对林业和血吸虫病两方面本质认识的突破与契合点的精准把握。通过生态环境，让林业、血防两个看似毫无联系的方向，进行对接与融合。首先，血吸虫病是环境流行病，血吸虫病的流行与生态环境之间具有密切关系。世界卫生组织曾对多种流行病进行分析比较得出，血吸虫病是受生态环境影响最为显著的一个流行病。从血吸虫病流行规律可以看出，在整个血吸虫病的流行环节和血吸虫的整个生活史中，血吸虫唯一中间寄主——钉螺，既是影响血吸虫病流行的关键，也是最易受到环境影响的环节。因为生态环境的变化，小到一小块地表生境的改变大到重大工程建设以及全球气候的变化等，均可直接影响到钉螺的孳生、繁殖与扩散，影响到钉螺种群的大小、活力与分布。我国长江中下游湖区五省之所以成为血吸虫病重点流行区，很大程度上也是由于受到环境破坏的影响，导致形成大面积滩地，为适宜钉螺孳生和血吸虫病流行提供了适宜环境。据记载，仅从 20 世纪 50 年代到 80 年代，由于流域内山区丘陵的过度开垦和不合理利用，水土流失面积就由 36 万平方公里增加到 56 万平方公里，每年土壤侵蚀量达 22.4 亿吨，每年流入东海的泥沙达 5.6 亿吨，相当于尼罗河、亚马孙河、密西西比河 3 条世界大河的年输沙总量。外国专家称之为"中国大动脉出血"。多年来严重的水土流失、大量的泥沙淤积，不仅导致河床淤堵，同时也导致大面积滩地的形成。长江中下游江、湖、洲滩面积约达 60 万公顷，这些滩地冬陆夏水的独特自然状态，以及该区域良好的温、热等条件，恰好为钉螺的孳生以及血吸虫病的流行提供了理想环境，从而造成了该区域血吸虫病的严重流行。而对于我们林业来说，最为重要的作用就是具有强大的生态功能。通过林业工程的实施，可以起到保持水土，减少水土流失，调节光、热、水、气等各种生态因子，从而影响钉螺的生长发育，控制钉螺孳生。同时，林分作为生态屏障，在传染源隔离方面也具有良好效果。因此，应用科学的理论与方法，林业建设通过对生态环境的有效改善，不仅有利于长江流域的生态安全，也将为血吸虫病防治提供一条极具潜力的林业血防新思路、新途径。

经过多方面人员的不懈探索与协同努力，林业血防从最初的设想到理论的建立，再到实践的应用扩大，取得了一系列可喜的成果，走出了一条适合中国国情的以林业生态工程建设为途径、以综合治理与综合开发为核心的科学防治血吸虫病新路子，这是血防史上的一个创举。尤其是随着林业血防工程建设的不断推进，林业血防效益日益显现，充分证明，林业血防在我国防治血吸虫病方面切实起到了积极作用，已经成为我国血防工作的重要组成。正如，世界卫生组织（WHO）的 Mott 博士指出，林业血防为血吸虫病综合防治提供了方向。

林业血防直接服务于人类健康，是对林业多功能的最佳诠释，是林业功能的突破，是林业内涵的拓展，更是生态林业、民生林业的典范。我们相信，随着研究与实践的不断深入，林业血防将在我国血吸虫病防治以及长江经济带的可持续发展中发挥更加有力的促进作用。

一、血吸虫病在中国的危害情况

血吸虫病是危害人类生命健康十分严重的寄生虫病，浒区域广泛，据世界卫生组织统计，全球约有 74 个国家，2 亿人受其危害，5 亿~6 亿人口受到潜在威胁，流行区主要分布在发展中国家的农村，中国是受害人数最多，流行范围最广的国家。

中国流行的是日本血吸虫病。我国的血吸虫病流行表现为三大特点。

第一，流行历史久远，据资料记载有 2000 多年时间，湖南长沙马王堆及湖北江陵凤凰山出土的两具西汉男、女古尸，经解剖检查，在古尸的肝脏、肠壁上发现有成群的日本血吸虫卵沉积附着，证明远在西汉时期，在长江流域已有日本血吸虫病流行。

第二，血吸虫病在我国的流行范围极其广泛。流行区遍及长江流域及其以南广大地区，江苏、浙江、安徽、江西、湖南、湖北、四川、云南、福建、广东、广西及上海等 12 个省（直辖市、自治区），同时，钉螺在流行区内大面积分布，新中国成立初期，有螺面积近 128 亿平方米，广大流行区中到处存在着血吸虫病感染的风险。

第三，血吸虫病在我国的危害极其严重。据统计，新中国成立初期，我国受到血吸虫病危害的人数近 1200 万人。在一些严重流行区，血吸虫病常造成家破、人亡、村毁。江西省在 1949 年前 40 年间因血吸虫病流行，毁灭村庄 1362 个，死绝 26000 多户，死亡 31 万多人；湖北省阳新县在 1949 年前 20 年间，死于血吸虫病的有 8 万人；江苏省昆山县在 1949 年前 30 年间，有 102 个村庄被血吸虫病毁灭；湖南省汉寿县张家砥村，1929 年有 100 多户人家，到 1949 年时，只剩下 31 个寡妇，12 个孤儿，成了"寡妇村"；安徽省贵池县下碾村原有 120 户人家，1949 年时已死绝 119 户，只剩下 1 户 4 口，其中 3 人患血吸虫病，户主因从事理发业而幸免。正如毛泽东主席在《七律·送瘟神》"后记"中写道"就血吸虫毁灭我们的生命而言远强于过去打过我们的任何一个或几个帝国主义。八国联军，抗日战争，就毁人一点来说都不及血吸虫。"血吸虫病确实给疫区人民的生活和生命带来了巨大的危害。

面对肆意危害的"小虫"，赶走"瘟神"，消灭血吸虫病，成为疫区广大群众长久以来的共同期盼和我国政府的重大关切。新中国建立后，毛泽东同志就提出了"一定要消灭血吸虫病"的伟大号召，此后，历届党和政府都高度重视血吸虫病防治，始终将血防工作作为疫区社会经济发展的一件大事，常抓不懈。经过几十年的努力，1958 年毛泽东曾写了《送瘟神》诗二首，赞扬江西余江县消灭血吸虫病的伟大成就，今天更是有数百个新"余江"先后消灭了血吸虫病，疫区的面貌发生了翻天覆地的变化，血防工作成效卓著。

当前以及今后一段时间，我国的血吸虫病危害在一定范围内依然存在，我国的血吸虫病防治正处在不断巩固和扩大成果，争取实现消灭血吸虫病的关键时刻，面对艰巨的任务和复杂的环境，需要我们攻坚克难，毫不动摇，期待着在全国扫除"瘟神"危害的历史一刻早日到来。

二、灭螺是消灭血吸虫病的重要环节

消灭钉螺是防治血吸虫病的关键环节之一。血吸虫病的流行必须具备传染源、传播途径及易感宿主这三个要素。所以消灭血吸虫病，不仅要治疗病人，减少传染源，还有耕牛和牲畜也作为染源存在；加强人、畜、粪便管理，切断传染途径，但农民还要与疫水接触，在这样情况下，集中力量，掌握科学规律，改造环境、消灭中间寄主钉螺，是消灭血吸虫病的重要环节。

以林为主，抑螺防病，综合治理和开发滩地，这一科学设想，是与血吸虫作斗争的实践中产生，一些专家、教授总结提出，并付诸实施。钉螺有其一定分布环境和生态习性，经过深入调查研究的科技人员，认识到哪里有血吸虫病人，哪里必然有钉螺，消灭血吸虫病，必须消灭钉螺。消灭钉螺必须掌握钉螺形态特征、交配产卵、生长发育、生存条件、生活习性、分布及扩散规律等方面来认识钉螺，依靠科学技术，制订消灭钉螺的合理措施。措施愈有科学性、针对性，灭螺的效果就愈大。

钉螺有水陆两栖习性，喜欢在土质肥沃、杂草丛生、水流缓慢而潮湿的环境里生活。有钉螺分布地区，气候比较温暖，年平均气温在 14℃以上，冬季最低温度不低于 −6℃，在 6℃以下时，钉螺就藏于草根、泥缝、松土里，不食不动，处于休眠状态。在年平均气温 14℃以下，最低气温超过 −10℃地区，一般无钉螺分布。钉螺的生存活动和繁殖，又同雨水、气温、光照、植被、土壤等有密切关系。雨水少、土壤干燥的地方，钉螺难以生存。寒冷及酷热季节，

钉螺隐藏在土内或杂草下，不活动，不产卵。掌握钉螺生存、生活与繁育规律，攻其弱点，击其要害，就能够抑制钉螺，没有了中间寄主，血吸虫病传播的环节就被切断，从而达到防治血吸虫病的最终目的。

三、以林为主的抑螺防病林

在血吸虫病流行较严重的江滩、洲滩、湖滩（简称"三滩"）地带，采用"以林为主，抑螺防病，综合治理，开发三滩"的科学措施，这是一项抑制钉螺，防治血吸虫病的生物系统工程。1986 年，彭镇华、康忠铭两位教授，在安庆地区血防部门配合下，组成"三滩"调查设计组，开展对沿江疫区进行考察。在调查试验的基础上，提出了"兴林抑螺、治理和开发三滩"调查研究三项报告，总结了过去血防工作经验，特别是安庆新洲引种杨树的经验，取得明显实践成果，受到卫生部、安徽省有关部门的重视和支持，为进一步彻底消灭血吸虫病，发展三滩经济，打下了坚实的科学基础。一致认为这是运用生态学原理防治血吸虫病的一个创造，是生态效益与经济效益的结合，抑螺防病与三滩开发的结合，多部门与多学科的结合，突破了过去单纯防治血吸虫病的方法措施。

目前，内陆血吸虫病已相对较轻，螺情、病情主要集中在湖区五省的"三滩"地带。"三滩"钉螺多呈片状或带状分布，密度较大。一般每年水淹 4~5 个月的滩地钉螺较多，水淹 2~3 个月的滩地钉螺密度最高。若常年不淹或水淹 8 个月以上的滩地，则未发现钉螺。由于"三滩"面积广，水流、水位变化大，地形复杂，呈非封闭状态，加之钉螺繁殖快，因此，对于药物灭螺来说，只有一次性效果，第二年一旦发现钉螺，又因大量繁殖而成为螺源地，而且还有水质污染和资金耗费大的问题。所以药物灭螺，一般只在血吸虫病流行严重的局部易感地带使用。"围垦灭螺"是过去一项行之有效的措施，但由于投资、投工大，影响蓄洪功能，也有些争议，目前进行大面积"围垦灭螺"的可能性也较小，因此对"三滩"血防工作进行科学有效的规划设想，是非常必要的。

以林为主，抑螺防病，综合治理与综合开发，这一科学思想，是由于对安徽省安庆新洲乡的定点试验，在 0.93 万公顷滩地，栽植杨树，改变了滩地生态环境而得到启发。"三滩"的综合治理与开发是个复杂的生物系统工程。如何在血吸虫病流行严重的区域既能达到抑制钉螺主要目的同时，又要兼顾"三滩"地的开发利用，使两者有机结合起来，这是"兴林抑螺"项目研究的重点。抑螺防病林，采取了土地整治、造林、间种等，一系列生物工程技术措施，是运用经济生态学原理，改善滩地生态环境，创造不利于钉螺孳生条件。通过宽行距窄株距营造杨树林，间种农作物，集约经营，有利于群众进行机耕整地，造林后及时抚育，清除杂草，改善生境。这既是改变滩地生态环境，抑螺防病的治理措施，也是充分利用"三滩"土地资源，提高经济效益的开发项目。这一综合治理与开发相结合的方案，除以杨树为主要造林树种外，还可考虑采用池杉、落羽杉、枫杨、乌桕、杂交柳等耐水湿较强树种进行多树种混交造林，以提高抑螺效果。"三滩"造林在幼林期，主要以间种油菜、小麦等作物为主，林木郁闭后，可经营耐阴作物，如食用菌、马铃薯等，实现以耕代抚，持续间种，增加短期效益,提高滩区群众综合治理的积极性。在一些高程与常年最高水位之差超过 4 米，水淹时间超过 4 个月以上的滩地，不宜造林，可改成水面，发展水产养殖，从而使整个"三滩"地得到全面治理和开发。数年来，林地调查结果显示，林内活螺明显减少。杨树生长迅速，10 年左右成材，亩产约 15~20 立方米木材，其经济效益较为显著。营造杨树林的同时，有些农民林下间种农作物，进行林粮间作，当年就有收益。1992 年间作面积 0.3948 万公顷，农林副渔全面发展，共取得经济效益 191.3722 万元。综合治理生态和社会效益明显提高，活框出现率下降到 3.81% 左右，阳性螺率下降到零。

以林为主、抑螺防病林的建立，实现了兴林、抑螺、防病、致富的多重目的，将抑螺防病与开发滩地结合起来，生态效益与经济效益结合起来，为血防工作提供了一条有效新途径，深为疫区群众接受和欢迎。

四、发挥森林多功能的生态效益

"兴林抑螺"是个新生事物，在取得试验成果的基础上，再接再励，继续探索，系统总结科学有效、利于推广的技术与经验，将"兴林抑螺"持续开展下去，力争实现沿江疫区瘟神绝迹，经济繁荣的美好远景。

"以林为主，抑螺防病"的造林绿化系统工程，要依靠科技兴林。利用发展林业多效益的生产方式，开发滩地经济。这是森林具有特殊作用所决定的。森林有改善人类生存环境的功能，如净化污染，调节气候，涵养水源，保持水土，美化环境等方面的作用是世人所公认的。"兴林抑螺"是森林利用其生态作用、实现抑螺防病的一个新的特殊功能，符合长江中下游三滩综合治理、开发利用的实际情况。沿江滩地的自然条件，是钉螺孳生的适宜环境，血吸虫病严重流行，使沿江地区千百万人民群众受其荼毒。新中国成立以来，党和政府关心人民疾苦，做了大量灭螺防病工作，诸如药物灭螺、围垦灭螺等，这些措施虽然也取得一定效果，减轻了血吸虫病的流行，有些山区甚至接近绝迹，但未能达到彻底消灭血吸虫病的目的，特别是大面积的长江滩地，疫情仍很严重。根源在于中间宿主——钉螺，有其孳生环境，因而潜伏有病源传播隐患，一旦放松防范，就有死灰复燃的危险。现在采取兴林抑螺的方法，是彻底改造环境的有效措施。造林绿化，开发滩地，可望在 10 年左右时间，沿江出现一条新的绿色长城，形成良好滩地生态环境，杜绝钉螺孳生，在灭螺防病的同时，又增加了疫区群众的经济收益，从而调动地方政府以及群众的积极性，使得该项工程的规划，可操作，可实施，能够长期坚持下去，最终实现目标，造福于子孙后代。

随着我国社会经济的飞速发展，资源的开发利用，国土的治理和环境保护成为突出问题，这是当前人类社会发展的重大任务。如何改善人类生存环境条件，减少污染，减少病疫的传播，从生态环境的治理来讲，森林具有这方面的特殊功能作用。长江中下游湖区五省，这是中国经济发达地区，但也面临着各种污染、水土流失等环境问题。开展本项目的研究，在沿江"三滩"地区，营造抑螺防病林这一系统工程，以"六个结合"为指导，实施先进的技术措施，创造良好的滩地生态环境，实现抑螺防病的宏伟目标。把生态、经济、社会效益结合起来，把国家与人民的利益结合起来，调动广大群众积极性，综合治理三滩，繁荣当地经济，实现经济、生态、血防良性循环。因此，通过建立抑螺防病林，充分发挥森林的生态、经济、抑螺等多种功能，消灭钉螺，送走瘟神，这一美好远景，一定能够实现。

五、本项目受到中央及地方支持和重视

从 1986 年提出"以林为主，灭螺防病，综合治理，开发三滩"这一科学设想，经过试验实践证明，"兴林抑螺"是血防的一条科学途径。长期以来，该项目的研究与实践得到了各方面的支持与帮助。在研究方面，项目起始，1988 年安徽省科委正式下达了该课题的立项任务。1989 年安徽省成立了以省人大副主任魏心一同志为顾问，以彭镇华教授为课题负责人的"兴林抑螺"执行组，同时在安庆地区建立三个试验点开展兴林抑螺的研究及工程实施。1990 年本项研究列入原国家卫生部、林业部科研项目，项目主要负责人为彭镇华、江泽慧、汪柏庆。随后，国家计委、科技部等部委下达了"长江中下游低丘滩地综合治理与开发研究""中国森林生态网络体系线的研究与示范""江河滩地生态修复与综合治理技术试验示范"等多项研究课题，为兴林抑螺的科学研究提供了极大支持。

同时，在"兴林抑螺"的实施推广方面，林业部门高度重视。1992 年为贯彻落实国务院关于加强血吸虫病防治工作的决定，下达了林计通字［1992］47 号文件，安排了"兴林抑螺"林业基本建设投资计划，在湖区五省"三滩"地区开展"兴林抑螺"工程实施。尤其是 2006 年《全国林业血防工程建设规划（2006~2015）》的批准实施，将林业血防推向前所未有的高度与新进程。

"兴林抑螺"项目的开展，得到了各方面领导、各相关部门及人员的关心和支持。2004年时任国务院总理温家宝同志批示指出："血防工作要坚持标本兼治，综合治理的方针，采取林业与卫生、灭螺与治病、技术与经济相结合的措施，建立多部门的协调机制，充分发挥各方面的积极性，以求达到遏制血吸虫病疫情，控制血吸虫病流行，保护疫区人民群众身体健康，促进疫区经济、社会协调发展的目的。"同时，时任国务院副总理吴仪、回良玉同志也对林业防治血吸虫病做了重要批示。卫生部、林业部、国家发改委等有关部委以及安徽等疫区各省相关领导也都多次到会或亲临现场检查指导，对林业血防工作的作用与成效给予了高度肯定。项目执行过程中涉及到的各方面管理、生产与科研人员也给项目提供了最无私的帮助。正是这些关心支持，给予了林业血防工作者莫大的鼓励，也给项目顺利开展提供了无尽的动力，保障了"兴林抑螺"项目蓬勃发展，极大地发挥了抑螺防病林的优势与作用，为我国血吸虫病防治事业不断作出新的更大的贡献。

第一章　抑螺防病林的基本理念

一、抑螺防病林的发展历程

抑螺防病林是一个新型的森林类型，是一种复合效益的生态林业，其经营主要目的，采用以生物工程为主的抑制滩地及溪、沟环境下孳生的钉螺，以切断血吸虫病传播环节，选用耐水湿树种杨树、柳树、池杉、水杉等，以及具有杀灭钉螺作用的树种乌桕、枫杨、苦楝等，进行绿化造林，改造环境，抑螺防病获得多种效益。

长江中下游的江、湖、洲滩面积约有 60 万公顷，是血吸虫中间宿主——钉螺最为适宜的孳生环境，也是我国血吸虫病最为严重的流行区，长期以来，血吸虫病危及湖区五省广大人民的生命健康，也制约着滩地的合理开发利用和经济发展，大多一直处于荒芜和半荒芜状况。

从 20 世纪 70 年代起，林业部门在沿江滩地、为了防浪、防洪，在高程较高的滩面营造了以柳树、池杉等树种为主的用材林、防护林，但没有考虑到在地势较低、钉螺密集的低滩营造抑螺防病、开发滩地经济的多种效益生态林。过去营林方式，因无短期效益，而且毁芦深垦费工多，一次性投入大，加之滩地归属问题，群众对此积极性不高。滩地芦苇可以作为燃料、造纸和编织的原料，大多经营粗放，不甚费工，又有一定经济效益，故滩地群众一直作为主要经营方式。但芦苇滩是钉螺的适宜孳生场所，钉螺密度大，成为血吸虫病的主要病源地。采取何种有效的技术措施，改造钉螺的适生环境，以消灭钉螺、控制血吸虫病流行是滩地疫区面临的严峻问题。因此为了探寻一种既能抑螺防病，又有经济效益，能充分利用滩地土地资源，具有生态、经济、社会效益相结合的经营模式，成为林学、农学、卫生和生态学等相关学科极为关注的课题。

长江中下游滩地进行南方型杨树栽培始于 20 世纪 70 年代。1972 年林业部副部长梁昌武等一行途经意大利时，该国向他们赠送了 I—63、I—69、I—72、I—45、I—214 和加龙杨等6 个杨树无性系，这几个品系原产地分别为美国密西西比河和意大利波河流域，均属南方型栽培品种，1973 年被分配到我国南方各省进行引种试验。试验结果，其中的 I—63、I—69、I—72 三个杨树无性系在淮河以南的东部平原地区，充分发挥了它们速生丰产等优良特性。特别是在长江中下游平原区，这三个品系的优良特性，表现最为明显。如湖南省汉寿县林科所一片 0.64 公顷试验林，造林 6 年后，三种杨树的平均生长量是：树高 22.40~23.43 米，胸径 33.29~34.59 厘米，单株材积 0.8490~0.9001 立方米，每亩蓄积量 9.5 立方米。其生长速度之快，经济效益之显著，引起了长江中下游平原各地的极大兴趣。湖北、湖南、安徽、江苏、江西等省迅速进行了大面积推广。例如湖北省，截至 1985 年，就营造了 4.66 万公顷，地域达潜江、嘉鱼、石首等 30 多个县，林业部"七五"期间在上述五省规划营造杨树林 33.33 万公顷。

这些大面积的杨树林，一开始多在垸内，随着栽培区的不断扩展，人们逐渐注意到广袤的江、湖、洲滩，如洞庭湖区显露的滩地面积就有 18 万公顷，江汉平原长江沿岸的江河外滩，低洼地也有 13.33 万公顷，还有鄱阳湖滩等，这里大部分均呈荒芜状态，土壤为冲积土，发展杨树林有着巨大潜力。但外滩与垸内有一个明显的不同之处，就是外滩呈冬陆夏水状态，有着季节性淹水，这对于杨树生长有一定影响。所以，为谋求较高的生产力，外滩的杨树栽培区，几乎都在淹水时间很短，甚至有些年份无淹水的高位滩地，而那些地势较低，正常年份淹水时间都在 1~2 个月左右的外滩上，仅有零星片林，面积很小，不成规模。

从垸内到外滩，在杨树栽培技术方面，人们进行了大量探索。中国林业科学研究院以及湖南、湖北、江苏、安徽、江西等省的林业科研院、所和林业生产部门都做了大量试验，取得了许多成功经验。如苗木方面，要求大苗壮苗，地径 3.5 厘米，苗高 4 米以上，而且有 1 年根 1 年干、2 年根 1 年干、2 年根 2 年干以及截干栽植等，栽植深度提倡 0.8~1.0 米左右，栽植株行距为 8 米 ×8 米、6 米 ×6 米、5 米 ×6 米等较均匀配置，修枝要求第 1 年只修掉徒长枝、选留 1 个主干，第 2~4 年冠高比保持在 2/3 左右，第 5~7 年，冠高比为 1/2 左右。另外在土壤质地、地下水位、淹水对杨树生长影响以及切根深栽技术等方面也进行了研究等。

有关杨树栽培方面的研究工作做了很多，这些都是围绕着杨树的生长，追求林木的最大生长量。并且杨树的栽培区域绝大部分也是在垸内及高程相对较高的外滩。淹水时间 1 个月以上的低洼滩地几无栽培。当然也没有想到杨树栽培与抑螺防病之间有什么关系。

1982 年安徽省安庆市新洲外滩芦苇生长衰退，收入微薄，芦滩管理人员的生计难以维持，对于这种困境，新洲乡决定，在衰退的芦苇滩上，引进杨树优良品系，开始进行了毁芦造林的尝试。1985 年，安庆市血防部门在血吸虫病重疫区新洲乡调查螺情，结果发现，新洲乡一些毁芦造林的局部滩地，钉螺密度逐年下降，相应区域群众血吸虫病感染率也有一定程度减少。这一情况立即引起血防部门和安徽省有关领导的极大兴趣和高度重视。1986 年彭镇华、康忠铭二位教授考察了新洲乡。次年在安庆市卫生部门的大力配合下，二位教授又深入安庆、池州地区 4 县 1 市血吸虫病重点流行区进行了为期 3 个月的全面实地调研，论证了"以林代芦、灭螺防病、综合治理与开发三滩"的可行性，撰写了报告，并提出了 8 项重要建议。

（1）安庆市新洲乡从"机耕去芦灭螺"到"以杨代芦灭螺"仅 3 年时间（1984~1987），当地的活螺密度、钉螺阳性率、血吸虫病感染率均有大幅度下降。

安庆市新洲的经验说明，血防工作已由过去较单一部门走向与农业、林业等部门相结合的综合治理方向，由注重生态效益过渡到与经济效益、社会效益相结合的多层次复合效益立体结构，确实具有巨大生命力，这为"三滩"血防工作摸索出一条综合治理与开发利用相结合的道路。

（2）"三滩"综合治理与开发利用是涉及到多部门、多学科的大事，须要加强领导，统一规划。首先要协调血防与水利、林业、轻工业等部门的关系，省委要有专人负责，需要成立一个领导小组。

（3）"三滩"治理开发也是一项系统生物工程，不同于建筑工程，是可大可小，投资可多可少，即使投资少，若有关部门协作，如新洲经验，血防部门负责整地，林业部门提供苗木、技术，水利部门解决滩地归属，共同努力，也能在短期内获得显著而巨大的效益。

（4）"三滩"工程应有计划、有步骤、分轻重缓急，综合考虑多种效益，分期分批完成。因地制宜，做到宜林则林、宜渔则渔、宜副则副、发挥最大效益。滩地多是适于杨树生长的宜林地，具有较大的生产潜力。

（5）发挥先进典型的模范作用，组织基层干部和群众进行参观学习。地区要组织各类短期专业训练班。长江修防部门和血防部门，急需增添林业和生态方面的专业人才。

（6）造林要认真执行营林措施，提倡林农间种，洲滩、江滩营造杨树林，要特别重视泄洪的要求，要考虑水流畅通。因此栽植行要与水流方向一致。缩小株距，加大行距，采用 3 米 ×10 米或 3 米 ×12 米以延长间种年限。除农作物外，也可考虑经济效益较高的药材、蘑菇等，这有利于林地管理。

（7）"三滩"的树种选择，除已有杨、柳外，应考虑乌桕、枫杨、池杉、落羽杉、水杉、杞柳等，并参考明、清记载的乡土树种，并引种耐水湿树种进行试验。树种也应根据不同要求，选用优良品种或类型，形成高效、稳产、高产的纯林或混交林，从造林设计开始，就应特别注意病虫害防治。

（8）除总结现有先进典型的成功经验外，从综合治理和开发利用角度，为了不断提高和推广技术，应建立多学科的试验基地。

这项报告，首次揭示了，兴林抑螺通过在滩地造林，改变了滩地原来的生态环境，这种变化不利于钉螺的孳生，最终导致钉螺密度下降，疫情减轻。科学论证了"以林为主、灭螺防病、综合治理、开发三滩"的可行性，同时，明确指出，兴林抑螺是一项系统的生物工程，血防和以林为主的林农副渔相结合，不仅是一条可行之道，而且是一条应走之路，一条新形势下探索出的具有巨大生命力的新路。这份报告既有明确的指导思想，又有详尽的规划设计，产生了较为强烈的反响并得到了多方的赞同。可以说，这份报告的出炉，标志着"以林为主、抑螺防病、综合治理、开发三滩"从此走上了科学化、规范化的道路，更是标志着林业血防的正式诞生。1988 年，安徽省成立了血防领导小组，彭镇华教授为技术负责人，并有血防等相关部门共同参加。1989 年，安徽省科委下达了"以林为主、抑螺防病、综合治理、开发三滩"科研项目。1990 年，该方面研究又得到林业部、卫生部的共同支持，联合下达了"以林为主、抑螺防病"重点科研项目。以彭镇华教授为首的科研团队，从此开始了系统而又深入的抑螺防病林研究。同时，在林业部的高度重视和持续支持下，抑螺防病林研究与建设从起源地安徽向湖南、湖北、江西、江苏等省血吸虫病流行最为严重的区域不断扩展。至此，林业血防的研究不断深入、影响不断扩大。

2004 年，由于当时生态环境变化以及传染源流动性增加等各方面因素的影响，我国的血吸虫病疫情呈现反复、回升趋势，血吸虫病形势十分严峻。为此彭镇华教授怀着高度责任心，写信给时任国务院总理温家宝，提出进一步加强综合治理，科学防治血吸虫病的建议。

当年 7 月 6 日温家宝同志做了重要批示。这既是对林业血防的高度肯定和重视，也是赋予了林业血防的重大责任。这一批示为全国林业血防工程建设奠定了基础。

从林业血防的发展过程来看，总体可划分三个主要阶段，第一是起步阶段，20 世纪 80 年代末 90 年代初。这一时期主要表现为林业血防的调查发现与论证，以及安徽试点研究的启动。第二是林业血防的研究发展阶段，时间为从 1990 年到 2003 年。这一时期，长江流域疫区各省开展了全面研究，研究不断深入拓展，取得了滩地抑螺防病林营建技术等诸多成果。同时在试验示范区的带动下，抑螺防病林建设也得到了一定程度的推广辐射，抑螺防病林面积不断扩大；第三阶段为工程建设大力推进阶段，即 2004 年至今。这一阶段林业血防在继续深化科学研究的同时，逐步转入大力开展工程建设。这一阶段的标志是《血吸虫病综合治理重点项目规划纲要（2004~2008）》的发布，以及"全国林业血防工程建设"项目的编制与实施，林业血防工程建设自此在疫区各地全面展开，掀起了林业血防的建设高潮。

今天的林业血防，已经成为我国血防工作不可或缺的重要途径。林业血防生态工程建设，取得了明显的治病治穷和生态改良效果，经济、社会和生态效益十分显著。疫区政府和群众把林业血防工程称为抑螺防病的"造福工程"、强国富民的"致富工程"、防洪抗灾的"保安工程"、环境保护的"生态工程"。工程的全面实施，推动了疫区林业的科学发展，保障了疫区人民的健康安全，促进了疫区社会经济的全面进步。

二、概念与特征

（一）概　念

1. 抑螺防病林

以改造钉螺孳生环境，抑制钉螺生长发育，隔离传染源，防控血吸虫病流行为主要目的的具有多重效益的林分。

抑螺防病林是一个全新的、特殊用途林。从抑螺防病林的概念可见，与其他类型的林分相比，抑螺防病林具有新的、明确的主导功能，即防控血吸虫病，这一特殊功能是抑螺防病林与其他类型林分之间最本质的区别。因此，抑螺防病林的创新性建立，进一步发现并开拓了林业的功能，是对多功能林业的进一步拓展与深化，赋予了多功能林业新的内涵。

2. 林业血防

林业血防是研究与应用林业生态措施有效控制血吸虫病流行的一切理论与实践活动的总称。是研究林业与血吸虫病防治关系之间的学科交叉，是生态工程与疾病防治的有机融合。林业血防，既有林业、生态、卫生等多方面学科理论的结合与创新，也是林业工程的一项原创性实践，更是血防工作的一条创新之路。林业血防，是通过研究林业生态工程的原理技术及其血吸虫病发生、发展的内在规律，科学揭示林业生态工程建设对血吸虫病的影响，从而提出有效的理论技术方法，指导开展林业血防工程建设，以达到有效防治血吸虫病、保护人民身体健康。

3. 林业血防工程

以抑螺防病林建设为主体、具有控制血吸虫病流行功能的林业生态工程。

就林业血防工程的具体内涵而言，是以生态经济学等理论为指导，以林业生态工程建设为途径，以抑螺防病为主兼顾其他效益为目标，创新、集成并应用各种先进技术手段，努力提高治病、治山、治水效果，实现血吸虫病防治等社会效益、以及经济效益与生态效益的高度统一。抑螺防病林建设是林业血防工程的核心内容。

自 2006 年全国林业血防工程建设的全面启动，林业血防工程从此成为我国又一重大林业生态工程。林业血防工程建设的实施是贯彻落实科学发展观的具体行动，是构建社会主义和谐社会的生动实践。既顺应时势，又与时俱进，既顺乎民意，又合乎民心，既符合规律，又突破创新。它是我们林业部门充分发挥自身的作用与优势，在新时期开创的一项新的重大生态工程、民生工程。

（二）基本特征

林业血防是我国林业和血吸虫病防治工作家族的新成员，作为一项新的林业工程和血防技术，林业血防有着自己鲜明的本质特征，具体表现在：

（1）环境友好性：林业血防是通过营造抑螺防病林，改变环境条件来防控血吸虫病。因此，林业血防是生态防控，与传统的药物灭螺等技术相比，不仅对环境没有损害，而且抑螺防病林的建立，还增加了绿地、提高了森林覆被率，有利于生态环境的改善。

（2）可持续性：林木的多年生、长寿命、林业的长周期决定了林业血防作用的可持续性。抑螺防病林一旦建立，通过科学经营，其所形成的生态环境，可长期发挥抑螺作用，产生持续抑螺防病效果。

（3）高效性：林业血防不仅具有显著的抑螺防病这一最根本效果，同时还具有释氧固碳、防浪护堤、美化环境、增加林农产出、提高收益等生态、经济等多方面作用，是多效一体的血防技术，是新型的多功能高效林业、高效血防。

（4）综合性与预防性：林业血防既可抑制钉螺孳生，又可在一定程度上控制传染源、以及抑制血吸虫等。因此，林业血防在有关血吸虫病传播的多个要素方面都起到防控作用，其技术效应是多维的、综合的，同时从防控的阶段来看，这些措施都是起预防作用的。

（5）公益性：林业血防的根本目标是防治血吸虫病流行，是直接服务于广大疫区群众的身体健康和生命安全，解决疫区群众疾苦的公益性事业。

（三）功能与地位

1. 林业血防的功能

林业血防是一项多功能、高效益的血防技术，其功能的多样性具体表现在以下几个方面：

（1）保护生命健康：林业血防的根本目的是防控血吸虫病，通过林业血防的实施，可以有效抑制钉螺孳生，显著降低血吸虫病疫情，保护疫区群众免受血吸虫病危害，从而保障了疫区群众的生命安全与身体健康。这是林业血防的首要功能，也是林业血防的独特作用、核心任务与根本目标。

（2）促进生态改善：森林是陆地生态系统的主体。林业血防，本身就是一项林业生态工程，通过大面积营造抑螺防病林，不仅起到血防目的，同时，这些林分同样发挥了森林所固有的美化环境、净化空气等多种生态功能，从而使疫区的山水更绿更净更美，生态环境得到明显改善。

（3）助推生活富裕：林业就是一项生态产业，不仅有生态功能，还能产出大量的木材等可再生资源，同时，林业血防通过构建高效复合技术模式，提倡多种经营，发展林下经济，开展种植养殖，能够收获林、农、副、鱼等多种产品，提高了土地生产率和群众的收益水平，提升了疫区群众的生活质量。

因此，林业血防不仅仅只具有环境改善作用，同时更是直接服务于疫区群众的身体健康，它既关乎生态，又关乎生命、关乎生活，是生态、生活、生命的完美结合。在健康第一、生命至上、以人为本的准则下，林业血防的目标就是通过实施生态工程建设，努力实现生态改善、生活良好、生命健康。很显然，林业血防是一项名副其实的生态林业和民生林业，是多功能林业的创新和典范。

2. 林业血防的地位

（1）在预防血吸虫病发生方面具有独特作用和基础地位。林业血防在血吸虫病防治方面有着自身鲜明的特点和多样的功能。林业血防着力于最为根本的综合预防。林业血防是通过血防林经营，改善环境，从而抑制血吸虫的中间宿主——钉螺的生长繁育、以及隔离家畜、控制传染源的污染等方面作用，来实现血防效果，因此林业血防是着力于血吸虫病的有效预防和根本防控，是处于疾病防治的"防"端，是防患于未然，并且这种预防作用是生态的，可持续的。同时，由于林业血防注重治理与开发紧密结合，既实现了抑螺防病，又取得了良好收益，这种效益成为疫区广大民众广泛参与工程建设的一个重要动力。因此，林业血防，相比于其他血防措施，又充分体现了它所具有的积极性、主动性优势，为实现血防工作又好又快发展注入了新的活力。

另外，从血吸虫病疫区现实情况来看，目前我国的疫区主要是长江流域湖区五省的江湖滩地和长江上游的四川、云南局部山丘区，不仅是湖区滩地面积大，而且自然条件极为复杂，这样的疫区环境，其他血防措施很难实施，而在这些区域恰好可以通过大规模林业建设发挥作用，成为难以替代的林业血防主战场。这是当前我国血吸虫病疫区复杂环境条件对林业血防的客观需要。

因此，从技术的预防型、有效性，实施区域的规模性、以及环境条件的适宜性等方面来看，林业血防无疑确立了其在我国血防工作中不可或缺的重要位置，尤其是在预防血吸虫病发生方面具有独特作用和基础地位。

（2）在疫区林业特别是平原湖区林业建设中具有首要地位。长期以来，林业建设的主战场主要在山区，平原、湖沼地区由于受国家投资等政策限制，林业发展相对缓慢。特别是血吸虫病流行的湖区滩地，由于受到季节性水淹等自然条件的不利影响，一直难以得到利用，大面积滩地处于荒芜或半荒芜状态。林业血防，通过深入研究，取得了一系列血防林营建技术，在江滩、洲滩、湖滩等不同类型滩地造林均获得了成功。由于有了林业血防技术的创新与支持，原先很难利用的滩地变成了适宜的造林地，血防林在抑螺防病的同时，在林木生长方面同样表现良好，成为我国木材生产的重要基地和沿江湖区的绿色屏障，极大地拓展了林业发展的新空间。因此，血防林建设，不仅为林业发展提供了新的领域和机遇，也为林业建设开辟了新的天地，为平原湖区林业建设带来了前所未有的潜力和广阔前景。

林业血防工程是继天然林资源保护、退耕还林、三北和长江防护林等林业六大重点工程之后，国家批准启动的又一项林业重点工程。与其他工程最显著的区别在于，林业血防工程建设的核心目标就是防治血吸虫病。对于血吸虫病疫区来说，造林的首要目标应该考虑的就是血防效果，因为没有任何一个效益比人命关天的事更大、更重要。所以，疫区造林首先要造血防林，林业血防是疫区林业建设中的第一位任务。它事关疫区农民群众身体健康和生命安全，事关社会主义新农村建设，事关全面建设小康社会的实现，事关和谐发展与社会稳定，是一件大事。为此，必须充分认识到林业血防在疫区林业建设中的重要性，切实加强林业血防工作的紧迫感、责任感和使命感。

因此，血吸虫病防治是疫区林业建设的新任务，林业血防更是开创了疫区林业的新局面，在疫区林业特别是平原湖区林业建设中林业血防理应担当主角，占有首要地位。

三、指导原则

新林种——抑螺防病林的生物系统工程是在兴林抑螺、综合治理和开发三滩试验研究的基础上提出的，是具有复合效益的生态大林业概念，即根据江、湖、洲滩的特定环境条件，做到宜林则林，宜农则农，宜渔则渔，宜副则副，将林业与农牧副渔业有机结合起来。因此，抑螺防病林既涉及到生态、健康与经济，又使林业与卫生、农业与水利等方面有联系，是一项复杂的系统工程。

抑螺防病林建设的指导原则，概括为"六个结合"。这是基于其本身特点和经验的总结，做好抑螺防病林建设，必须要强调并遵循"六个结合"的指导原则，即综合治理与综合开发相结合、项目与当地建设相结合、长期效益与短期效益相结合、科研与生产相结合、多部门与多学科相结合以及经济效益、社会效益和生态效益相结合。同时，在具体做法上，还需要坚持高起点、高标准、高水平和高效益的原则。改变过去粗放单一林业或单一农业的经营方式，也有别于混农林业或农林复合经营。过去做法是利用土地资源，纯生产性的开发。虽然也提及利用森林来改善环境，保证农业高产稳产，但没有考虑环境的综合治理，改变滩地生态条件，以经营林业为手段，达到抑螺防病的最终目的。林业血防之所以取得了与传统单一做法不同的效果，就是因为坚持了以"六个结合"为其核心准则，从而来实现以林为主、抑螺防病、综合治理、开发三滩的科学设想。

（一）综合治理与综合开发相结合

"以林为主、抑螺防病"，就是因地制宜，充分利用滩地等各种自然资源，采取一系列配套技术措施，大力开发以林业为主体的林农牧副渔多种产业，以取得良好的抑螺防病效果，并获得较高的经济收益。这里的"以林为主"手段的实施，既要保证"抑螺防病"根本目的的实现，也要保证获得较高经济效益目的实现，它是一种复合效益的多种经营手段。要始终贯彻，在讲开发时，要包涵有治理措施；讲治理时，要有开发项目，两者不可偏废。从机耕整地、筑路开沟、大行距造林、林下间种、低套养殖等一连串的技术措施中可以看到，该手段实施的整个过程中始终贯穿着治理和开发两个方面，既注重破坏钉螺的孳生条件，抑杀钉螺；又注重林农渔等经济收益的获得，而且是综合治理和综合开发，做到了治理中有开发项目，开发中有治理措施，治理和开发有机结合，治病和治穷融为一体，经济和社会效益同步发展。这完全符合中国的国情和"三滩"地区的实情，既是区域生态环境建设的需要，也是适应社会主义市场经济的需要，迎合了现代农林业发展趋势，即在经济发展中求得对环境更为有力的保护和改善；环境改善进一步促进经济向持续的方向发展。

过去很长一段时间，在血吸虫病的防治过程中，对"三滩"地区一般采用单纯的治理措施，其中主要采用药物灭螺，使用的药物曾多为五氯酚钠，由于其价格昂贵，每年只能在重疫区易感地带喷洒，当年可取得较明显的灭螺效果。但由于：①长江两岸滩地是非封闭状态，每到汛期水位上涨，整个长江滩地汪洋一片，这样其他地方的钉螺就会借助水流及秸秆等附属物，随波逐流，扩散到其他区域。②因钉螺繁殖系数很大，1年1只钉螺可繁育150只左右小钉螺，这样该区域未被消灭的钉螺加上异地漂移过来的钉螺，在适生的环境下又能大量繁殖，并逐步扩展蔓延，甚至第二年或第三年该区域又会成为钉螺的密集区。因此使用五氯酚钠等药物灭螺，是治标而不治本，须年年喷药，年年灭螺，灭螺效果不彻底。并且只有经济投入没有经济收益，不仅如此，大量重复使用五氯酚钠还会给水体和土壤造成严重的污染，往往造成一些生物如鱼类遭到损害。

围垦灭螺在湖区曾一度被加以利用。这种方法有较为彻底的灭螺效果，也可获得一定的经济收益，但却具有以下几大缺点：①大面积围垦引起调蓄失调，扩大了低湖田范围，加剧旱涝灾害，破坏了生态平衡，增加了对水利部门的压力。②过渡围垦虽然增加了粮食，但水产大幅度下降，削弱了动物性生产力代之以植物性生产力，减少了蛋白质而增加淀粉，造成食物结构简单化。③围垦工程浩大，需花费巨大的人力、物力、财力，这与现实国情不相符，正是由于存在这些问题，所以围垦灭螺也已不再提倡使用。另外，还有像鄱阳湖区过去曾使用很多拖拉机，在湖滩上进行垦翻灭螺，虽然也是利用破坏钉螺的孳生环境，取得了较好的灭螺效果，但没有考虑到开发利用这些土地，仅是从单纯治理的角度出发，动用了大量投资，没有任何经济收益。因此，过去血吸虫病防治，只单方面注重治理，注重灭螺，而在灭螺的同时，没有注意到对广大的滩涂地等自然资源加以利用开发，没有将治理和开发有机地结合起来，只有经济投入，没有经济收益，这种单一的治理措施，长此以往，无法坚持。

对于滩地资源开发，长期以来，长江中下地区大面积滩涂，多为荒芜或半荒芜状态，开发利用很少，仅有以下几种方式：①草滩放牧，利用草滩上的天然杂草进行牛、羊畜牧放养。这种方式不仅利用水平低，而且易引起人畜交叉感染，并使滩地螺情加剧。②围垦种植，是一种在不影响汛期泄洪的条件下，筑低圩，圩内种植作物，这种方式经营水平低，往往是广种薄收，有一定的灭螺效果。③营造用材林、防浪林。营造用材林一般采取均匀配置，林下无间种，一无短期效益，二没有注重灭螺效果，并且多在地势较高的无螺或稀螺区。营造柳树等防浪林，收益较低。④经营芦苇，就是在滩地上人工种植芦苇，这不仅收益低，而且为钉螺创造了适宜的生存环境。以上这些方式多是单纯进行开发，忽视对环境的治理，而且经营水平多较低，经济收益不高，不仅没有灭螺防病效果，有时甚至使螺情、病情加剧，取得了微薄收入甚至是得不偿失。因此，一直没有将该区域血吸虫病的防治和自然资源的开发利用有机地结合起来，存在着这样或那样弊端。

"以林为主、抑螺防病"，总结了过去的经验教训，并加以发展完善，强调治理和开发并重。采取机耕整地、筑路开沟、大行距造林、林下间种以及低洼滩套实行低坝高拦蓄水养殖等措施，一方面彻底改变了原来滩地的生态条件，使生态因子朝向不利于钉螺孳生的方向发展，并减少了人、畜接触疫水的机会，改变了居民的生活行为，达到了良好的灭螺防病效果；另一方面，充分利用了滩地上水、土等自然资源，选择优质、高效良种，采取先进技术开发林、农、水产等多种产业，取得了可观的经济收益。正是由于"以林为主、抑螺防病"能够将治理和开发紧密结合，所以才取得了血防效果和经济收益的最佳复合。

（二）项目与当地社会经济建设相结合

一个项目的成败，很大程度上取决于是否符合地方社会经济发展的需要，是否能够解决群众所急，能够给群众带来福祉，真正做到问需于民。如果它与当地的社会经济建设相符合，那项目就能赢得当地政府的支持和当地群众的拥护，就能得以顺利实施。相反，如果项目与当地社会经济建设不相符，那就难以得到政府的支持和群众的响应，这样，项目就难以付诸实施，即使实施也难收到预期效果。

本项目在总体设计思想明确的基础上，注意结合各地的实际情况，根据当地政府社会经济建设的需求，因地制宜，充分发挥当地的资源优势和技术优势，选择各具特色的治理开发经营模式，不拘泥于形式，不强求一律。这样建立起来的各种模式，具有地域代表性、典型示范性和可操作性，从而有针对性地解决了社会经济建设中所出现的实际问题，并对当地的社会经济发展产生积极的推动作用。因此许多地方政府都积极主动争取林业血防建设项目，有的还自发实施，使得项目推广建设面积不断扩大。例如，湖北省石首市因有数千公顷滩地急待开发治理，故积极争取项目，并把结合治理与开发滩地列入政府主要大事来抓。最为重要的是，石首市建立了大型的吉象人造板加工厂，地方政府将"兴林灭螺"工程项目与纤维板厂原料基地建设结合起来，由于项目是急生产之所需，一拍即合，既为厂家解决了生产原料，又使当地群众获得较高的经济收益，从而发挥了两方面积极性。还有像湖南岳阳地区，正是由于当地大型企业岳阳纸业对原料的大量需求，疫区群众在血防林建设中能够获得较高的收益，因此群众对营造血防林具有极大的积极性，血防林建设得到了蓬勃发展。

由此可见，正是由于"以林为主，抑螺防病"项目能紧密结合当地社会经济建设，从而得到了当地政府、群众的重视和支持。"兴林抑螺送瘟神，建设美好新农村"，这是疫区政府和群众对林业血防迫切需求与美好心愿的切实反映，也是项目能够顺利实施的社会基础与环境保障。

（三）经济效益、社会效益和生态效益相结合

正如前面所述，以前滩地进行的治理开发，多是单纯的治理、单纯的开发，如化学灭螺，年年喷药，当年喷了药，当年有一定的灭螺效果，到了第二年又有钉螺，还给环境带来污染，每亩喷药的药费 40~70 元，但没有经济效益，单纯种植芦苇虽有一些经济效益，但没有灭螺效果，甚至加剧螺情。因此，这些做法都没有将经济、社会和生态三大效益作为一个整体、一个体系来加以考虑，有这种效益就没有那种效益，甚至一种效益的获得建立在对另一种效益的破坏之上。统筹分析，往往是得不偿失。

本项目是运用经济生态学原理，在三个效益的最佳结合部位上做文章。采取宽行距窄株距造林、林下间种等举措对滩地进行综合治理和开发，其一，这些措施的实施，破坏了钉螺的生存环境，不利于钉螺孳生，达到了灭螺和预防血吸虫病感染的目的；其二，试验区林农鱼等多种产出一起上，良种高效，集约经营，生长旺盛，可获得较高的经济效益；其三，"以林为主，兴林灭螺"综合治理和开发措施的实施，将在长江沿岸建起一道绿色长城，提高长江流域的森林覆被率，并将同长江中上游防护林体系建设等连为一体，形成横贯我国中部地区的整个东西向的重要生态廊道，这不仅有利于地方环境的绿化美化，而且有利于长江河流生态系统的健康安全，成为我国国土保安的重要屏障。

由上可见，"以林为主、抑螺防病"项目，在具体的技术措施上都十分注重多方面效益的共同提升，从而保证了本项目的经济、社会、生态三大效益都较为显著，使三大效益达到了有机的统一，取得了最佳的复合效益，保障疫区社会经济实现协调发展，和谐发展，持续发展。

（四）长期和短期效益相结合

对于项目的可行性而言，不仅需要考虑到效益的大小，还要考虑到见效的快慢。一个既有良好的长远效益，又能在短期内显著见效的项目，更易受到人们的重视，特别是百姓大众，往往更讲究现实，讲究实惠，希望能够尽快获得收益。因此，作为与农村、农民紧密联系的"以林为主，兴林抑螺"项目，应充分注意到这一点，并落实到具体的实施过程中，做到在发挥森林长期效益的同时，充分发挥农、副、牧、鱼的短期效益，从而调动了广大干群的积极性，做到千军万马齐上阵，兴林抑螺送瘟神。

特别对于本项目来说，根本的目的是抑螺防病。在血防林建设早期阶段，除了造好林，最好还要实行立体经营，林下间种。开展林下间作，既改变钉螺孳生环境，达到抑螺的目的，又可使农民得到一定的农作物、蔬菜、药材等间作经济收入，并起到了以耕代抚的作用。另外，对于不适宜造林的低洼滩地，采取了蓄水养鱼等发展水产，既造成不利于钉螺的生存环境，又具有明显的短期效益。这些技术措施的应用，使短期效益与长期效益结合起来，保证了群众的收益水平和生活需求，提高了群众投入林业血防建设的积极性和主动性。

（五）多部门多学科相结合

"以林为主，以林灭螺"项目是一项高度复杂的生物系统工程，目前它主要涉及长江流域七省的多部门、多学科。表现为以林为主，多部门、多学科紧密结合，协同攻关的格局。该项目的平台为从长江上游到中下游的广大疫区山丘滩地，牵涉农业、林业、水利、卫生、国土等多个部门以及林业、粮油、蔬菜、畜牧、水产、果业等多项产业，涉及的学科有林业、生态、农业、牧业、医学、水文、气象、经济等多个学科，因此项目组内聚集了多部门、多学科的科技人员，组成了一个整体。各部门之间有分有合，协调统一，各科学之间既相互独立，又相互渗透，互为补充，相互完善。例如通过林业和卫生部门的共同研究，我们进一步揭示了化学物质抑螺的作用与机制，正是由于这种多部门、多学科之间的密切配合，协同攻关，才取得今天的显著成果。

（六）科研与生产相结合

科研要服务于生产，而且也往往源于生产。科研只有与生产相结合，才能充分发挥科研成果作用，实现科研的价值，并使本身不断校正，不断完善，不断上升。生产只有结合科研，有先进的技术成果作为支撑，才能使生产力不断提高和发展。本项目是与农村、农民紧密相连的，在研究实施过程中，要自始至终与生产实践密切结合，贯彻科技为生产服务的方针。试验疫区在建立各种模式时，既要保证模式的科学性和先进性，同时又要考虑到生产过程中的可行性和实用性，使科研方向着眼于生产，解决生产中提出的问题，科研成果应用于生产，以大大提高生产力水平，充分体现科学技术是第一生产力。

正是一系列先进技术措施应用于疫区治理和开发的生产实践，科研与生产完美结合，才能取得显著的灭螺防病效果和社会经济效益，才能取得丰硕的科研成果。

四、林业血防的策略与途径

（一）防治策略

林业血防所采取的血吸虫病防治策略，是在深刻认识和了解血吸虫病流行的规律基础上，进行科学制定的。大家知道在血吸虫病流行的整个链条上，涉及血吸虫、血吸虫中间寄主钉螺以及血吸虫终宿主人、牛等几个方面生物因素，因此，基于这些因素的具体分析，制定有针对性的技术措施，就有可能良好的血吸虫病防治效果。那么林业血防在考虑林业本身特点的基础上，结合血吸虫病流行规律及其相关的几方面生物因素，提出的防治策略是以抑制钉螺为核心，以控制传染源、保护易感人群为辅助，科学治理，生态防控。具体的技术途径为：

> 改良生态环境，有效抑制钉螺
> 构筑生态屏障，切实阻断虫源
> 发展生态经济，改善群众生活

上述策略包括三个方面，三条途径，具体就每一个方面而言，改良生态环境，有效抑制钉螺是处于林业血防策略的第一重要位置，是林业血防的核心。

血吸虫病是一种环境流行病，那么很显然，血吸虫病的流行与生态环境之间具有紧密关系。世界卫生组织在一份关于千年生态系统评估的报告中对诸多流行病进行了比较，得出血吸虫病与环境变化的敏感性和一致性均达到最高水平，是所有疾病中受生态环境影响最为显著的流行病之一。究其原因主要是由于血吸虫唯一中间寄主——钉螺，极易受到环境变化的影响。可以说，小到一小块坑洼的形成、沟渠的开挖大到重大水利工程建设以及全球气候的变化等，均可直接影响到钉螺的孳生、繁殖与扩散，影响到钉螺种群的大小、活力与分布。而对于我们林业来说，最为重要的作用就是巨大的生态功能，森林是陆地生态系统的主体，可以有效改善环境，持续改良生态。通过林业工程的实施，能够造成钉螺孳生环境的改变，使之不适宜钉螺的生存，这样就能起到影响并抑制钉螺生长发育的效果。作为唯一中间寄主的钉螺一旦被抑制了，血吸虫病的传播环节也就被彻底切断，血吸虫病自然就不会发生了。因此，正是由于血吸虫病流行、尤其是钉螺与生态环境之间具有密切的关系，决定了林业可以充分发挥在生态方面的重大优势，通过抑制钉螺，达到有效防治血吸虫病目的。

由上可见，改良生态环境，有效抑制钉螺，是林业血防的核心策略，首要途径；钉螺，是林业血防的第一控制对象。

在以抑螺为主的同时，林业血防对于牛等传染源的隔离以及提高群众收入、促进健康的生产生活方式等方面，也具有积极的作用，虽然这些作用不是林业血防的主要途径，但也不容忽视，有些情况下，这些作用所起到的效果也非常重要。所以，构筑生态屏障，切实阻断虫源；发展生态经济，改善群众生活，这两个方面也是林业血防策略的重要组成部分，是林业血防重要的技术途径。上述三方面的有机结合，形成了林业血防科学合理的血吸虫病防治策略。

（二）技术途径的具体表现

林业血防的每个技术途径，都包含了一系列具体的技术措施，这些措施中有生物的，有工程的，有直接的，也有间接的，不管怎样，它们都在不同方面、不同阶段发挥了血吸虫病防控作用，共同构成了血防林建设的技术体系。针对每一条技术途径，到底应用哪些技术，又是如何起到作用的，这里进一步简要解析如下。

1. 技术途径一：改良生态环境，有效抑制钉螺

（1）物理环境的变化对钉螺的抑制作用。如林地平整、沟渠建设等可导致低洼积水的消除、表层土壤湿度的下降，通过林地清理翻垦、栽植林木等使地表的光强、温度发生了大幅增加或减少等，而这些因子的变化超出了钉螺的适生范围，不利于钉螺孳生。

（2）生物之间相克作用抑制钉螺。如乌桕、益母草、桉树、核桃、花椒等植物所产生的化感物质，对钉螺具有抑制作用，通过栽植这些植物，可起到抑螺效果。

（3）系统内生物之间的食物链关系影响钉螺。例如鸭等水禽的放养，可食捕食螺，减少钉螺数量，另外，血防林建立后，随着林下植被的变化，有些林分下钉螺可食的植物成分减少。

（4）通过一些直接的挖穴填土、开沟抬垄的翻埋作用以及耕作过程中的机械损伤等，也会对钉螺造成一定影响。

2. 技术途径二：构筑生态屏障，切实阻断虫源

（1）血防林建立后，人们放弃了最主要的传染源——耕牛的使用，如山丘区农地退耕还林后，由于种植结构的调整，不再需要耕牛耕种。

（2）造林后，大面积的林分，无疑形成了一道天然屏障，加之林农们为了减少牛对林木造成损伤，加强了看管，使牛等家畜很难进入林地。

（3）隔离栏、隔离沟等工程建设，进一步有效隔离了传染源。没有了传染源，也就没有了血吸虫，自然得到了防治血吸虫病防治效果。

3. 技术途径三：发展生态经济，改善群众生活

血吸虫病流行不仅与自然环境关系紧密，一定程度上与社会经济发展水平、与人类的生产生活行为等因素也密切相关。血防林建立，调整了产业结构，提高了土地生产力，使农民收入获得增加，从而提高疫区群众的生产生活水平。随着生活水平的提高，老百姓在很多方面会随之改善，如用上没有血吸虫的自来水，同时厕所、粪便等管理更加规范，环境更加卫生，另外通过林地内道路建设、以及采用集约经营、机械耕作等等，也进一步减少了人们接触疫水的机会，这些健康生产生活方式的形成，对于疫区群众的保护也具有十分积极的作用。

五、设计思想

（一）滩地抑螺防病林的设计

长江中下游湖区五省"三滩"地区营建的抑螺防病林，有其特定的目的和要求。因此，滩地抑螺防病林的规划设计不同于一般性造林设计，除遵循一般用材林造林原则，如因地制宜、适地适树，追求单位面积获得较高的木材产量等外，这里最重要一点就是首选必须把灭螺防病作为根本目标，放在首要位置来进行考虑，治理与开发的一系列措施中，都要紧紧围绕"灭螺防病"这一中心思想；第二，在滩地上进行治理和开发时，必须要考虑到水利方面的需要，模式的设计要得长江水道的防洪、泄洪，不要在汛期对长江水流形成较大障碍；第三，"兴林灭螺"是一项巨大的系统工程，需要投入大量的人力，而人力的来源为当地群众，要让群众投工投劳，除依靠大力宣传外，群众理解支持。同时还必须得到实惠，有一定的经济收益，尤其是滩地在经营过程中，还需要经常进行翻垦、毁芦、除草，以破坏钉螺的孳生环境，这只有利用经济收益这根杠杆，才能充分调动广大群众的积极性，使群众自觉地走上滩地，投身到兴林灭螺的工程建设之中。

三滩，"兴林灭螺"治理与开发的总体规划设计，就是在根据以上这些独特要求，以及滩地的具体条件，并征求水利、血防、农村等多部门和多学科有关专家意见的基础上提出的。其总体设计思想是：

1. 整地要同农田基础建设结合

一定要路、沟配套，做到"路路相连、沟沟相通、林地平整、雨停地干"。这样一方面消除要地积水，降低林地地下水，减低林地土壤含水率，以破坏钉螺适宜孳生的潮湿环境；一方面，由于路路相连，可减少人畜接触疫水的机会的，降低人畜感染率；另外，主路设计一般高于林地地面 1.5 米左右，以延迟洪水过早进入林地；保证午季作物收获并得林农生长。

2. 造林树种配置

造林树种选择方面，采用多树种配置。提倡营造混交林，以增强林分的稳定性，减轻主要造林树种——杨树的病虫危害，特别是在沟、套等较大水面边围，栽植对钉螺有掏作用枫杨、乌桕等树种，以掏钉螺孳生。

3. 造林行距

采用窄株距宽行距非均匀配置，改变了单一营造用材林株行距较均匀的配置方式，如杨树栽植的株行距为 3 米 ×3 米，3 米 ×12 米，甚至行距更宽，同时，行向须与水流方向一致，这样一是得行洪泄洪，二是得林下间种，延长了间种年限。

4. 林地集约经营、实行间种

通过间种，一方面每年要翻垦土壤，精耕细作，这样既消灭了芦苇、杂草，又将钉螺翻上埋下，从而起到彻底毁芦和灭螺效果；二是可使群众获得一定的短期收益，提高了积极性，从而自发地走上滩地；对于一个林场来说，也可起到一定的以短养长效果；三是间种还可起到以耕代抚的作用，促进林木生长。

5. 因地制宜治理与开发滩地

在滩地治理与开发的实施中，要因地制宜，做到宜林则林，宜农则农，宜渔则渔，宜副则副。一般滩地布局是调和中年最高水位之差不超过 4 米，水淹时间不超过 4 个月的滩面用作造林地；反之，不用作造林地，而是改成水面，发展水产养殖（鱼、蟹、蚌等），既可获得水产收益，长时间水淹又具灭螺效果。另外，有的滩地还可放养可食钉螺的鸭等水禽，发展副业。通过以上林、农、渔、副的多方面实施，使整个滩地得以彻底全面的治理和充分合理的利用，也使治理与开发得到了有机结合。

以上几点为三滩"兴林灭螺"的总体设计思想的主要内容，兴林灭螺的所有具体规划设计都是在这种思想的指导下进行的。

（二）山丘地区抑螺防病林的设计

目前，血吸虫病主要流行于长江中下游三滩地区，但许多山丘地区也有一定的钉螺分布和血吸虫病流行。由于 1949 年后多年来，血防人员的积极防治，目前山区地区钉螺面积仅占全国有螺总面积的 5% 约 1.8 亿平方米。虽然山丘有螺面积不大，但钉螺分布的范围却极为广泛，分散涉及四川、云南、福建、广西等十几个省份。因此，山丘地区的血吸虫病仍具有一定的潜在威胁，也应加强防治。

山区地区环境十分复杂，包括崇山峻岭、山间盆地及起伏的丘陵。从血防的角度出发，一般将它们分为平坝型、高山型及丘陵型。不论哪一种类型，钉螺是孳生在溪流、沟渠、稻田等较为潮湿的环境下。由于溪、沟水系孤立，单元性强，又无滩地水位暴涨暴落现象，故一般山丘地区钉螺主要是沿水线两侧几米宽左右的范围分布，扩散也不十分明显。螺情相对较为稳定。

鉴于山丘地区复杂的自然环境条件，钉螺分布的特点和交通不便，经济落后，以及对于山丘来说，尤其值得注意的水土流失等情况，山丘地区抑螺防病林的设计，与"三滩"的设计不尽相同，也有自己的特点，一般遵循以下原则：

1. 因地制宜、分类实施

山区地区钉螺分布的场所有洼地、溪流、沟渠、稻田等多种环境，就是同一条溪流其源头与坡脚环境条件差异也较大，因此，山丘地区抑螺防病林的营建要因地制宜、分类实施。

2. 抑螺防病为主与兼顾经济效益

要将山丘地区的抑螺防病林作"生态经济林"对待。抑螺防病林首先将灭螺防病放至首位，同时要考虑较佳经济效益，并要注重山丘的水土保持、水源涵养等，做到治病、治穷、治山、治水融为一体。

3. 造林树种选择

在溪沟等水线两侧附近栽植对钉螺有抑制作用的枫杨、苦楝、乌桕、漆树、无患子等树种，在稻田埂也可采用高干乌桕等与池杉、水杉隔株栽植；在空地范围较大的区域，如坡脚、洼地，除近水边栽植对钉螺有抑制作用的树种外，由于立地条件较好，还可栽植银杏、池杉、水杉等价值较高的经济、用材树种；而对于立地条件较差的源头，可栽植一些松柏等。

4. 造林类型

造林配置上，采用网、片、带多种形式。在平坝区采用沿沟渠、田埂栽植的网格设计；在溪流、山泉及高山区的梯田，宜采用带状设计（一行或多行）；在源头、山脚以及山间洼地，可采用片状设计。

5. 造林林层结构

在空间结构上，有的地方可采用单层乔木林，如稻田埂及一些沟渠两侧；有的地方可采用林下间种的立体经营，如在溪流两侧林下可栽植对钉螺有抑制作用的草本药材（乌头、射干等），建立林—药模式，既能灭螺，又有收益，并起到了一定的水土保持作用；在山脚及山间洼地可在经济林下间种农作物或药材等，建立林—农、林—药等复合经营模式，一方面可获得良好的经济收益，另一方面由于间种时经常耕作，也起到了较好的灭螺作用。

6. 造林抑螺系统工程

应清除原来环境下的杂草和灌木，但除山脚下和山间洼地，一般不宜全垦，以免造成严重的水土流失。对于低洼积水区域，应开挖沟渠，以疏通水流，降低地下水位，造成不利于钉螺孳生而利于林、农生长的环境。

第二章 血吸虫病流行特点

一、血吸虫及血吸虫病的分布

由血吸虫寄生于人体内所引起的疾病，叫做血吸虫病。世界上寄生人体的血吸虫有日本血吸虫 *Schistosoma japonicum*、曼氏血吸虫 *Schistosoma mansoni*、埃及血吸虫 *Schistosom haematobium*、间插血吸虫 *Schistosoma inteicalatum*、湄公血吸虫 *Schistosom mekongi*。由上述血吸虫感染分别引起的血吸虫病为：日本血吸虫病、曼氏血吸虫病、埃及血吸虫病、间插血吸虫病以及湄公血吸虫病。

从分布情况来看，流行于东南亚地区的血吸虫病以日本血吸虫病为主，湄公血吸虫病次之。在中东地区以埃、血吸虫病为主，曼氏血吸虫次之。在亚洲，日本血吸虫病主要分布在中国、日本、菲律宾、印度尼西亚、泰国等国家；在柬埔寨及老挝以湄公血吸虫病为主。

血吸虫病流行于世界 76 个国家和地区。据世界卫生组织调查，流行国家和地区的人口约 30.9 亿，受威胁人口有 5 亿多。2012 年得到血吸虫病治疗的报告人数为 4210 万，2013 年至少有 2.49 亿人需要获得血吸虫病治疗。为了对发病和传播施加影响，78 个国家已报告采取血吸虫病预防性治疗。但是，以最为危险人群为目标开展预防性治疗时，建议得到治疗的人则生活在 52 个国家。

我国流行的血吸虫病是日本血吸虫病。日本血吸虫病是所有血吸虫病中人体感染症状最为严重的一种，它在中国传播流行已有 2000 多年的历史，长期以来对我国人民的身体健康造成了极大危害。在我国，血吸虫病广泛流行于长江流域及其以南的湖南、湖北、江西、安徽、四川、云南、江苏、浙江、福建、广西、广东和上海等 12 个省份的 454 个流行县市。具体范围是，最东为上海市南汇县，东经 121°51′；最南为广西省玉林市，北纬 22°20′；最西为云南省云龙县，东经 99°04′；最北为江苏省宝应县，北纬 33°20′。最低海拔为上海市沿海诸县，接近海平面，最高海拔在云南丽江，达 2400 米（图 2-1）。

随着浙江、福建、广西、广东和上海等 5 省市血吸虫病的相继消灭，当前，我国的血吸虫病主要流行于长江中下游的湖南、湖北、江西、安徽、江苏等湖区 5 省、以及长江上游四川、云南两省的局部山丘区，受威胁人口 6000 多万。

二、血吸虫病流行的类型及流行区划分

根据流行病学特点及中间宿主孳生的地理环境，中国血吸虫病流行区可划分为 3 个类型，

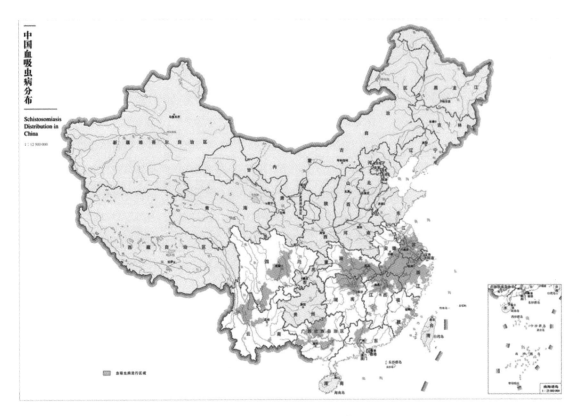

图 2-1　中国血吸虫病分布图

即湖泊型、水网型及山丘型。本章主要研究和讨论湖泊型长江中下游江、湖、洲三滩地区血吸虫病流行情况及其环境特点，为"三滩"地区防病灭螺提供科学依据。

　　从表 2-1~ 表 2-2 资料分析来看，中国血吸虫病流行区及钉螺的分布遍及长江流域及其以南 12 个省、直辖市、自治区。其中血吸虫病累计病人数与有螺面积主要集中于非封闭性的长江中下游湖北、湖南、江西、安徽、江苏、上海等 5 省 1 市，约占全国血吸虫病人数与有螺面积的 98% 以上，是全国血防工作的重点地区。再从历史资料与 2013 年调查统计资料的分析，原来血吸虫病流行较重的上海市及浙江省（上海市累计病人数占全国 6.7%，累计有螺面积占全国 1.17%；浙江省累计病人数占全国 17.95%，累计有螺面积占全国 4.52%），而 2013 年上海和浙江两地血吸虫病人数与有螺面积所占比例很小，这一消长情况与该地区的血防工作有关，但也与其地理环境有密切关系。上海市位于滨海地区，常受海潮影响；浙江位于封闭性地区，血吸虫病与钉螺消灭后，迁移扩散性较小。而长江流域的湖北省、湖南省血吸虫病流行县的数量，今昔对比，则有所上升，其原因则由于两省位于长江中游非封闭性地区，长江沿岸以及洞庭湖周围冲淤的大面积滩地，在环境条件适宜的情况下，为钉螺在滩地间的迁移扩散以及生长繁育提供了条件。由此也可以看出，长江中下游五省血吸虫病的流行与钉螺的分布，其消长关系很大程度上是由于受到滩地条件的影响，从而造成了这五省血吸虫病至今流行仍较为严重。当然，除了自然因素外，各地社会经济状况对血防工作也有较大程度的影响。

表 2-1　血吸虫病流行及钉螺面积历史情况

省（自治区、直辖市）	县、市数	血吸虫病流行县、市数	人口数	血吸虫病人数	占全国病人数（%）	有螺面积（平方米）	占全国总有螺面积（%）
上海	10	9	4783359	759287	6.70	166477511	1.17
江苏	75	45	19765250	2465341	21.75	1393350232	9.80
浙江	71	45	26528.056	2035137	17.95	642303300	4.52
安徽	82	39	17183193	846329	7.47	1251983865	8.81
福建	68	13	8198592	67777	0.60	27242722	0.19
江西	91	34	14016898	537337	4.74	2367956434	16.66
湖北	84	44	31526853	2125096	6.74	4242729923	29.85
湖南	103	20	12234846	923405	18.75	3543070819	24.93
广东	110	11	4544163	78197	8.15	96957845	0.68
广西	87	17	7891687	76854	0.69	26115714	0.18
四川	195	51	24741874	1134493	10.01	251047216	1.77
云南	129	18	4371927	286545	2.53	212574491	1.50
总计	1105	346	175786684	11335798	100.00	14212870372	100.00

注：根据钱忠信的《中华人民共和国血吸虫病地图集》综合，1985。

表 2-2　全国 2013 年血吸虫病流行情况

省（自治区、直辖市）	流行区范围					累计达到传播阻断标准		累计达到传播控制标准		当年达到传播阻断标准		当年达到传播控制标准		未达到控制标准	
	流行县数	流行乡数	流行村数	流行县人口数（万人）	流行村人口数（万人）	县数	乡镇数	县数	乡镇数	县数	乡镇数	县数	乡镇数	县数	乡镇数
总计	454	3489	30352	24922.20	6905.09	296	2234	124	1139	15	139	39	352	34	116
上海	8	80	1140	739.36	263.21	8	80	0	0	0	0	0	0	0	0
江苏	68	484	4177	4032.43	1355.50	53	417	15	67	2	14	0	0	0	0
浙江	55	474	5483	3140.08	944.06	55	474	0	0	0	0	0	0	0	0
安徽	51	365	2383	2144.88	697.49	17	168	20	165	0	2	9	76	14	32
福建	16	75	328	1091.25	86.91	16	75	0	0	0	0	0	0	0	0
江西	39	316	2194	1875.07	495.57	24	180	8	99	2	4	2	24	7	37
湖北	63	518	5449	3820.00	999.50	22	163	41	355	0	0	19	164	0	0
湖南	41	338	3704	1989.56	644.03	10	97	18	194	4	22	9	88	13	47
广东	13	33	164	965.49	35.63	13	33	0	0	0	0	0	0	0	0
广西	19	69	265	1238.62	90.98	19	69	0	0	0	0	0	0	0	0
四川	63	662	4599	3323.13	1102.57	48	443	15	219	7	97	0	0	0	0
云南	18	75	466	562.33	189.64	11	35	7	40	0	0	0	0	0	0

注：数据来源于中国疾病预防控制中心，寄生虫病预防控制所，血吸虫病室，制定机关为国家卫生计生委，批准机关为国家统计局。

表 2-3 2013 年钉螺情况（面积：万平方米）

省（自治区、直辖市）	实有钉螺情况						
	有螺乡数	有螺村数	总面积	湖沼地区		水网型	山丘型
				坑内	坑外		
总计	1508	7782	365467.99	20089.98	332537.41	216.38	12624.23
上海	8	17	0.94	0.00	0.00	0.93	0.00
江苏	69	190	3293.74	0.00	3056.57	202.97	34.20
浙江	98	369	94.21	0.00	0.00	12.48	81.73
安徽	211	962	27396.49	0.00	24480.08	0.00	2916.41
福建	9	14	1.50	0.00	0.00	0.00	1.51
江西	140	601	78794.33	3.87	76952.04	0.00	1838.42
湖北	352	2604	76485.70	19231.60	54818.65	0.00	2435.45
湖南	199	922	175116.23	854.51	173230.07	0.00	1031.65
广东	0	0	0.00	0.00	0.00	0.00	0.00
广西	5	5	4.95	0.00	0.00	0.00	4.96
四川	361	1850	2600.39	0.00	0.00	0.00	2600.39
云南	56	248	1679.51	0.00	0.00	0.00	1679.51

注：数据来源于中国疾病预防控制中心，寄生虫病预防控制所，血吸虫病室，制定机关为国家卫生计生委，批准机关为国家统计局。

（一）湖沼型

亦称江湖洲滩型，系指在长江中下游沿江的江洲滩以及与长江相通的大面积湖泊周围的湖滩，如江西省的鄱阳湖及纵跨湖北、湖南两省的洞庭湖，小者不胜枚举。这些湖泊对长江及其支流具有蓄洪作用，水位有明显的季节性涨落，洪水泛滥时一片汪洋，水退时洲滩、湖滩棋布，有冬陆夏水的共同特点。陆、水时间之长短，随当年的水位及季节而定，随着海拔高程而异。这个类型地区钉螺孳生于长江两岸江洲滩地及湖汉边的坡地、草坪、坑塘、沟渠和内湖未开垦的滩面等处。居民接触疫水机会多，感染率高。湖泊地区由于江湖泥沙沉积而形成洲滩，钉螺面积有 80% 以上分布在洲滩的草滩、芦滩、坑塘等处，消灭钉螺难度大，直至目前，尚有大面积钉螺未被消灭。现在国家已把湖区五省列为血防工作重点，每年召开专门会议，研究对策。湖区五省位于长江流域中下游，是中国重要的产粮区和经济发达地区，因此，消灭血吸虫病的工作，建设良好的生态环境，更显得重要。党和国家十分重视血吸虫病防治工作，经过 60 余年的不懈努力，取得了很大成绩。从湖泊地区来看，由于水土流失严重，其面积不断增加，血吸虫病的防治形势仍很严峻，灭螺任务十分艰巨。湖沼地区由于每年江水挟着大量泥沙顺流而下，在江中形成江心洲，在岸边扩大滩地，产生新的钉螺孳生地，一旦受病人、病畜粪便的污染，成为阳性钉螺，居民到洲滩打柴（芦苇）、捕鱼等活动时，容易受到急性感染。

中国湖沼型血吸虫病流行区，目前主要存在长江中下游的冲击平原上。长江自湖北宜昌至江西湖口，长 938 公里为中游，流域面积约 52 万平方公里，湖口以下长约 853 公里为下游，流域面积约为 28 万平方公里。横跨湖北、湖南、安徽、江西、江苏等 5 省，是航运的黄金水道。这个地区河流纵横,湖泊罗列,全国5大淡水湖(鄱阳湖、洞庭湖、太湖、巢湖、洪泽湖)均位于此区域内,武汉附近湖泊更为密集,湖北省湖泊总面积约有1万平方公里,江湖之中洲滩众多,长江两岸灌渠密集

长江中下游5省大面积的江、湖、洲滩,由于水热条件好,植被茂盛,特别是冬陆夏水的季节性水淹条件为钉螺提供了最为适宜的孳生环境。每年水淹半个月至5个月的洲滩均适合钉螺孳生,而以3个月左右水淹时间钉螺密度最大,只有平均水淹在8个月以上,或常年干燥不受水淹的滩地,才少有钉螺。这些大范围适宜钉螺孳生的滩地,也成为我国血吸虫病的严重流行区。据调查统计,2013年湖沼地区垸内垸外钉螺面积分别为2.0亿平方米和3.3亿平方米,占全国有实有钉螺面积(36.5亿平方米)的96.4%;又据2013年上报湖区五省查出病人数182230例,占全国上报数的98.5%。

由于螺面广疫情重,加之水情等影响因素复杂,本区的血防工作任务极为重大。因此,一直以来湖沼区始终是我国血防工作的重点和难点。

(二)水网型

又称平原水网型,主要指在长江与钱塘江之间,即长江三角洲的广大平原地区,与湖泊型生态环境很相近,易于混淆,但其分布范围有所不同。该地区气候属中亚热带,年降水量在1200毫米左右,区内人口稠密,盛产水稻,海拔低,河流纵横,密如蛛网,有水乡之称。这类地区的钉螺孳生于水流缓慢的小河滨、沟渠、稻田的进出水口、低洼地、房前屋后菜园地及湖荡中的芦苇滩地等。在展开灭螺前,钉螺密度相当高,并不断向周围扩散。水网型地区人民,在生活生产中,接触疫水机会多,容易感染。

中国血吸虫病流行在水网地区的范围约有3万平方公里。北自江苏省宝应、兴化;南至杭嘉湖平原;东临沿海;西至扬州、镇江的长江和钱塘江三角洲。此外,湖北、江西、安徽等省部分经围垦的湖汊洲滩,亦类似水网地区。2013年水网型实有钉螺面积为216.38万平方米,集中在江苏、浙江和上海三地。

(三)山丘型

这类地区的钉螺主要孳生于山边、山脚、大小溪流沟渠、山间盆地及起伏的丘陵。少数有泉水渗出的山顶也有钉螺孳生,形成"源头"。钉螺一般沿山丘水系分布。山丘型血吸虫病,居民以生活用水感染为主,如洗衣服、洗农具、摸鱼而感染。但山丘地区人群感染率一般较低,晚期血吸虫病人较少,急性感染多为散在性发生。

山丘型血吸虫病流行区在中国分布范围较广,除上海市和广东省外,其他10个省(自治区)都有分布。其中四川、云南、福建、广西4省(自治区)的血吸虫病流行区均属山丘型。山丘型流行区的钉螺面积约为1.26亿平方米,占全国钉螺总面积3.45%。虽然山丘地区的钉螺面积和病人数在全国占的比例不大,但山丘型流行区的分布最为广泛。据2013年调查,全国454个流行县、市,山丘型流行县、市为116个,占总流行县、市的25.5%。

三、血吸虫的生活史

血吸虫成虫寄生于人体或其他哺乳动物的肠系膜、膀胱或盆腔静脉丛的血液中。被寄

生的人或哺乳动物是血吸虫的宿主。血吸虫和其他生物一样，为了延续后代，雌雄成虫交配产卵，卵随粪便被排出外界，孵出幼虫，幼虫在钉螺体内经过发育之后，再重新进入人体或哺乳动物体内发育为成虫。所以，完成它的生活史必须通过宿主的更换。血吸虫需要两个宿主：一是脊椎动物（人或其他多种哺乳动物）；另一是无脊椎软体动物（钉螺）。人或哺乳动物被营有性繁殖的成虫所寄生，称为终末宿主；钉螺被营无性繁殖的幼虫所寄生，称为中间宿主。这两种繁殖方式相互交替进行，称为世代交替。感染血吸虫的病人从粪或尿中排出虫卵，如粪便污染了水，虫卵被带进水中，在水里孵出毛蚴。毛蚴能自由游动，并主动钻入在水中栖息的适宜钉螺。钻进钉螺的外露软体部位后，发育成母胞蚴口在螺体内不仅是一系列的发育，而且又同时进行了无性繁殖，产生了子胞蚴。于是，子胞蚴再经过一次的繁殖而产生大量的尾蚴。尾蚴离开螺体在水中自由游动，人因生产劳动、生活用水、游泳等活动与含有尾蚴的疫水接触后，尾蚴就主动地钻进人体皮肤。进入皮肤后即转变为童虫，经过一定时间的生长和发育，最终在门静脉系统或膀胱、盆腔静脉丛中定居寄生，并发育成熟，雌雄成虫结伴合抱和交配产卵。血吸虫整个生活史包括：成虫—卵—毛蚴—胞蚴—尾蚴—童虫6个阶段，毛蚴和尾蚴可在自然界水中营短暂的自由生活（图2-2）。

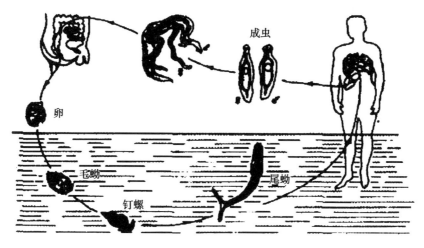

图 2-2　血吸虫生活史

中国流行的日本血吸虫中间宿主，系由螺科 Hydrobiidae 中水陆两栖习性的钉螺 Oncornelania 所传播。目前已知充当其中间宿主的种类是：湖北钉螺湖北亚种 Oncomelania hupensis hupensis 分布于中国大陆。湖北钉螺台湾亚种 Oncomelania hupensis formasana 分布于中国台湾。湖北钉螺邱氏亚种 Oncomelania hupensis Chiui 分布于中国台湾。

四、血吸虫病的传播途径及特点

（一）传播环节

血吸虫的生活史涉及两个宿主：一是成虫寄生于人或其他哺乳动物是传染源，为终末宿主；二是供毛蚴经过无性繁殖发育成尾蚴的钉螺为中间宿主。日本血吸虫病人、畜共患，可互相供传染源。一般来说，人是血吸虫病的主要传染源。构成传染源的条件是：有病原体寄生并排除能够孵化的虫卵。

病原体与传染源：近年来寄生虫学家发现具有侧棘卵的日本血吸虫自成一种群，以钉螺为中间宿主。根据流行病学观点，传染源必须是粪便中能排出可孵出毛蚴的血吸虫卵的病人或病畜，并非所有的有成虫寄生的人、畜都是传染源，查不到虫卵仅免疫血清试验阳性的患者亦非传染源。无疑地排卵多而久者为主要的传染源。中国历来以粪检虫卵阳性者作为病人及治疗对象，列入统计，这是符合消灭传染源的要求。虫卵必须有入水的机会才能孵化，才能进入下一生活阶段。虫卵入水的机会与数量则因地因宿主而异。1949年前血吸虫病猖獗流行的因素之一，是缺乏卫生习惯与卫生条件，粪便污染水源频繁。如在河边设置粪缸、洗刷马桶、粪具以及随便大小便等不良习惯。落入水中的虫卵，有孵化力的在适宜的水质、温度等条件下孵出毛蚴，在不适宜于孵化的低温季节，毛蚴虽不孵出，但仍保持其活力，在转暖的季节孵化。所以，在血吸虫病流行地区普遍推行粪便管理制度，减少了虫卵污染水体的机会，对预防血吸虫病及其他寄生虫病和肠道传染病，保护环境卫生都具有重要意义。

日本血吸虫的中间宿主为圆口亚科 *Pomatiopsinae* 的湖北钉螺 *Oncomelania hupensis*。毛蚴在水中侵入钉螺宿主。毛蚴具有向上性、趋温性、趋触性等，与血吸虫媒介钉螺常在水边、水面活动的习性相适应。血吸虫毛蚴侵入螺宿主并无选择性，但只能在易感品系中继续发育。在不易感的螺宿主内，毛蚴迅即被螺体的变形细胞包围、消灭。日本血吸虫毛蚴对湖北钉螺湖北亚种 *Oncomelania hupensis hupensis* 的感染率达85%以上，而对湖北钉螺台湾亚种 *Oncornelania hupensis fomosana* 的感染率则甚低，仅为4.4%。

血吸虫在螺体内发育成尾蚴，尾蚴在水中逸出，在有尾蚴活动的水中，人和哺乳动物因生产或生活接触疫水，尾蚴侵入人、畜皮肤钻进体内，发育为成虫，这就是血吸虫病的感染途径。

（二）传播因素

血吸虫病的传播必须具备以人为主的哺乳类终末宿主及软体动物钉螺作为中间宿主，这是生物因素。虫卵随人、畜粪便排出进入水中及尾蚴侵入人畜皮肤，这与社会因素有关。自毛蚴孵出至尾蚴逸出，这又与自然因素有关，这3类因素各具特点又相互影响。

1. 生物因素

血吸虫病的传播扩散生物因素涉及终末宿主及中间宿主作用的两类生物。广义的终末宿主包括人、畜、兽。人是日本血吸虫的主要终末宿主，在某些地区耕牛可能是重要的传染源。人对日本血吸虫大陆株普遍易感，不过感染后肝、脾肿大的发病率及免疫能力则因遗传基因的不同而异。无免疫力的人群或牲畜进入血吸虫病流行区域能发生急性感染。

钉螺是日本血吸虫的唯一中间宿主，是造成血吸虫病流行的最重要的生物因素之一。有钉螺分布的地区，固然未必一定有血吸虫病，而有血吸虫病流行的地区，则必然有钉螺。

2. 自然因素

钉螺是水陆两栖性的生物，喜欢在气候较温暖、雨量较充沛的地区孳生、繁殖。主要分布在中国南方12个省（自治区、直辖市）。其分布地区主要自然因素。1月份平均气温都在 0℃ 以上；雨量都在 750~1000 毫米（图 2-3）。此外，它的孳生环境还与土壤、植被、水质等因素密切相关。

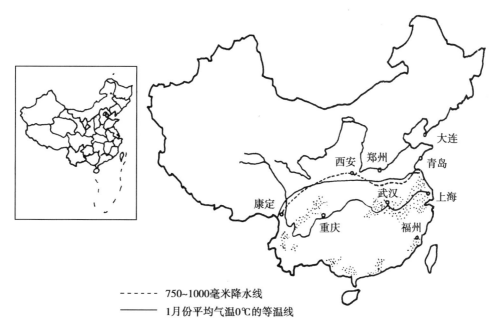

- - - - - 750~1000毫米降水线
———— 1月份平均气温0℃的等温线

图 2-3　中国大陆钉螺分布区内的主要自然因素（根据郭源华：1963）

钉螺主要分布于长江流域中下游各省市，其适生环境是土质肥沃，杂草、芦苇丛生，水流缓慢而又潮湿的自然条件。长江流域湖区五省的江、洲、湖滩，在气温、江水、土壤、植被等因素都非常适宜于钉螺的生活和繁育。

血吸虫病的流行与钉螺的孳生环境有密切关系。血吸虫毛蚴及尾蚴在水中各有一短暂的自由生存阶段，毛蚴的孵化及尾蚴的逸出除了睡的因素之外，还受温度、光度等条件的影响。血吸虫在螺体内的发育繁殖与温度及土壤、水质、植被等营养条件有关。

（1）温度。中国有钉螺地区的年平均气温都在 14℃ 以上，或在 1 月份平均气温 1℃ 等温线以南。最适宜于钉螺孳生的气温为 15~25℃，是钉螺交配、产卵、卵的孵化及幼螺成长的最佳温度范围。温度高于 30℃ 时，活动加强，但迅即衰竭；低于 10℃ 时，运动迟缓或停止活动。

（2）水。血吸虫的每一传播环节都与水密切相关，并且都是较大的水体。因此，血吸虫病流行区域都有较多的水源，诸如江、河、湖泊或山溪。年降水量常在 750~1000 毫米以上。水质的成分，如微生物与有机质的含量、pH 值等都与日本血吸虫卵的孵化，与钉螺的繁育活动有明显影响。在江洲湖滩水域，由于芦苇、杂草丛生，水中富含微生物及有机质，pH 值适中，利于血吸虫卵的孵化和钉螺的生存活动，成为血吸虫病传播的最佳场所。由于钉螺的孳生，血吸虫卵的污染，人、畜与疫水接触，极易感染。

（3）土壤。有机质丰富、湿润的土壤及滩地岸边的杂草丛是钉螺孳生的适宜环境。钉螺的栖息场所，如无土壤，钉螺不能产卵，就不能繁育后代。掌握钉螺孳生最适宜的土壤条件（如土壤有机质含量、pH 值、含水率等），则可通过人为措施，改变钉螺的生存环境，以达到抑制钉螺孳生的目的。根据安徽省安庆地区新洲、红星等乡的调查资料表明：洲滩冲积土，土质为细沙土，土层深厚肥沃，有机质丰富，氮磷钾哈量较高，pH 值 6.5~7.5，含水率 30% 左右，最适宜钉螺孳生。经过兴林垦种，清除芦苇和杂草，间种农作物，改变了滩地生态环境，土壤质地由黏土变为黏壤土，氮磷含量由于作物吸收而相对减少，自然含水率降低，改良了土壤状况，造成不利于钉螺生存的微环境。

（4）植被。根据长江中下游"三滩"血吸虫病流行区的调查，江洲湖滩钉螺孳生场所，大多为芦苇、杂草丛生之地。芦、荻为江滩、洲滩主体植被，生长密集，根系浅而发达，耐水性强，每年收割芦柴后，芦根、芦叶在滩地分解，土壤微生物及有机质丰富，汛期水淹时，钉螺可沿芦秆上爬，以适应不利因素，所以芦苇滩地成为钉螺孳生繁育极有利场所。湖滩以莎草、苔草为主体的草滩群落，草丛密集，盘根错结，为钉螺提供了营养食料和隐蔽场所，汛期时躲于草丛中，不致被淹没冲走，水退后滩地潮湿有利于钉螺繁育产卵，为血吸虫病的传播流行造成极有利的条件。

3. 社会因素

血吸虫病传播与社会因素有关的范围很广泛，诸如社会制度、经济建设、生产方式、生活习惯及文化素质等方面。并与生物因素及自然因素相互作用。

（1）社会制度。血吸虫病是发展中国家的流行疾病之一，一是由于地处温、热带，自然有利于钉螺宿主的孳生繁育及血吸虫完成其生活环节；二是由于人民长期受剥削压迫，经济文化落后，病穷相连。在中国，据 1949 年后的回顾性调查，历来被称为江南鱼米之乡的农村，在 1949 年前的 50~100 年都有因血吸虫病的流行，而使田园荒芜，人亡户绝的事例。1949 年后，党和政府关心人民疾苦，组织专门医疗队进行防治，血吸虫病逐步得到控制并在不少地区已被消灭绝迹。

（2）经济建设。改变自然生态环境的经济建设，如大型水利工程的修建，可以影响血吸虫病的传播。以防治血吸虫病为目的的设施，如整顿沟渠、围堤、垦种、修建鱼塘等，均属于改良环境措施，对消灭钉螺，发展生产有利。

水利工程及水库的建设，如处理适当，不致带来血吸虫病的扩散危害。因为水库所在地即使有螺，在建库过程中，进行一次土埋，再经深水淹没，库内钉螺难以生存。水库的水位变化较大，一般不利于钉螺在岸边孳生。但由此而扩建的大小灌溉沟渠，则有可能为钉螺孳生场所，使原来局限的有螺点得以扩散州传播。

（3）生产方式。血吸虫病是农村中的疾病，与农业生产有密切关系，并间接受到自然因素的制约。一方面决定于血吸虫中间宿主的生存条件，另一方面又左右着农业生产劳动中农民接触的机会及频率。在粪便污染水源及人群接触疫水方面，生产方式中用人粪施肥可能并非水源受污染的主要原因。根据各地的具体情况，与疫水接触的生产方式有：打湖草、捞鱼苗、抢收、放牧、推舟、插秧等。在血吸虫病流行区，接触疫水的方式是多种多样的，因而感染的几率和条件也具有多种途径。

（4）生活习惯。人生活离不开水，生活上与水接触远过于生产劳动方面的。安全水的供应在发展中国家的农村中还不普遍，在自然界并非所有的水体都可能有钉螺及尾蚴存在，因此分析生活中与水接触的机会，结合所接触的水体在不同条件下的感染性，对提供适宜有效的预防措施有着积极的意义。

①游泳习惯。农村儿童喜在河边戏水、游泳，故在流行区村旁有可供游泳的水体，5岁以上儿童的感染率猛增，由于风俗习惯，男孩的感染率显著高于女孩，不懂水性在岸边练习游泳者的感染率高于水性较好在河中心游泳者，这与岸边的钉螺及尾蚴较多的情况相一致。

②日常洗涤。在河流纵横的水网地区，农民习惯在河中洗涤，因而5岁以下的儿童就有较高的感染率。江苏省太仓双凤乡1~5岁儿童的粪检阳性率，每1岁年龄组分别为：10%，23.2%，21.2%，23.5%及38.5%。男、女幼儿间的差别不显著。

③浣洗农服。在农村中仍有在河边洗衣服的习惯，且以女性为主，这样的感染率，女性多于男性，高峰年龄组出现在25岁前后。但在一般情况下，生活上接触疫水同样并非单一方式，再与生产上接触疫水的机会相加，于是在严重流行地区，男女间及各年龄组之间感染率的差别并不十分显著。

（5）文化素质。在农村中科学文化教育还不十分普及，血吸虫病流行区，人们的生活习惯还受着传统风俗的影响，如饮用河水消毒措施不严格，夏日下河游泳，日常的洗涤衣物与河水接触机会频繁，如接触上被污染的疫水，即有被感染的可能。所以加强农村人民的文化教育，提高科学常识，移风易俗，增强自我保健意识，养成良好生活习惯，是防御血吸虫病的一项社会因素。

在小学教育的卫生常识中，列入血吸虫病防治的基本知识。农村卫生宣传画中，介绍血吸虫病的传播环节和防治措施。在普遍提高农村人民文化素质的基础上，以实现防病灭螺，杜绝血吸虫病传播的途径。

（三）传播特点

日本血吸虫病的传播具有地方性及人畜共患两个特点：

1. 地方性

如上所述，血吸虫病的传播需要生物因素、环境因素及社会因素都有利于血吸虫生活循环的完成，缺一不可。血吸虫病虽是热带、亚热带及暖温带地区常见、多发的寄生虫病，但并非普遍存在，它具有较强的地方性。因为钉螺宿主的活动范围及扩散能力和节肢动物宿主相比，有更大的局限性。

血吸虫病的地理分布和钉螺的地理分布相一致。钉螺的分布有严格的地方性，血吸虫病流行区的分布也有严格的地方性。在中国南方12省（自治区）有血吸虫病流行，但并非普遍流行，各省有一定的县市，各县市有一定乡镇，各乡镇有其一定的居民点流行，轻重程度各有不同。各省流行地区分布特性不完全相同，这取决于钉螺的分布特性。如长江中下游大多数流行区是连片的，但在这广阔的流行范围内，也可找到小范围没有血吸虫病的区域。相距数里的两个自然村，可能一个是严重流行区，另一个则不是。山丘型的一些省份，流行地区局限于小块或是狭长地带分布，有的面积较大，而有面积又很小，这都和钉螺分布特别是感染性钉螺的地理分布密切相关的。因此，片状分布或点状分布，是日本血吸虫病传播特点之一。

2. 人畜共患

血吸虫原系动物寄生虫，随其进化而逐渐适应于人类，成为人、畜共患。事实证明，人畜共患的流行区不存在仅有人群病例而无动物感染的地区。据专家认为，日本血吸虫病是一种具有自然疫源性疾病，先由野生动物，后由家畜分别构成原发性及继发性疫源地。后者和人类血吸虫病的关系远比前者密切，在一定地区家畜成为人群感染的主要传染源。日本血吸虫病在中国各地人畜共患情况是常见的。因此，进行血吸虫病流行的调查研究时，了解家畜在当地血吸虫病传播中的作用，是制订防治措施的依据之一。

五、血吸虫病的控制和消灭标准

1. 疫情控制

居民血吸虫感染率降至 5% 以下；家畜血吸虫感染率降至 5% 以下；不出现急性血吸虫病暴发，其中以行政村为单位，2 周内发生急性血吸虫病病例少于 10 例，同一感染点 1 周内连续发生急性血吸虫病病例少于 5 例；建立以行政村为单位，能够反映当地病情、螺情变化的档案资料。

2. 传播控制

居民血吸虫感染率降至 1% 以下；家畜血吸虫感染率降至 1% 以下；不出现当地感染的急性血吸虫病病例；连续 2 年以上查不到感染性钉螺；已建立以行政村为单位，能反映当地病情、螺情变化的档案资料。

3. 传播阻断

连续 5 年未发现当地感染的血吸虫病病例；连续 5 年未发现当地感染的血吸虫病病畜；连续 2 年以上查不到钉螺；已建立以行政村为单位，能反映当地病情、螺情变化的档案资料，并有监测巩固方案和措施。

4. 消灭

达到传播阻断的标准后，连续 5 年未发现当地感染的血吸虫病病例和病畜。

第三章　钉螺的生物学特性

钉螺是日本血吸虫的唯一中间宿主，它是雌雄异体、卵生、水陆两栖的淡水螺。钉螺的外壳呈圆锥形，其大小因生活环境而异，与蚴螺孵出的季节也有密切关系。一般湖泊地区钉螺最粗大，山丘地区最小，水网地区的大小介于两者之间。由于生境不同，在湖泊滩地含有丰富的腐烂或半腐烂的有机物质，钉螺长得较大，壳表的纵肋显著地粗而高。但在土壤瘠薄地区，钉螺长得较小，纵肋较细或不明显。

一、钉螺生态及分布

在中国日本血吸虫易感染的钉螺为湖北钉螺 *Oncomelania hupensis*。湖北钉螺有不同亚种：湖北钉螺（中国大陆）、台湾亚种（中国台湾）、邱氏亚种（中国台湾阿里老）、夸氏亚种（菲律宾）、带病亚种（日本），见表3-1。不同亚种钉螺对日本血吸虫易感性不同，中国大陆的湖北钉螺湖北亚种除对台湾彰化的血吸虫不易感外，对来源于中国大陆、日本和菲律宾的血吸虫都易感染；日本的带病亚种除对中国大陆的血吸虫不易感外，对其他各地的血吸虫均易感；菲律宾的夸氏亚种只能感染当地和台湾彰化的血吸虫。在自然界只传播台湾动物型日本血吸虫的媒介台湾亚种对同地区的血吸虫易感性较为特殊，来自彰化的台湾亚种只能感染当地和宜兰的血吸虫外，宜兰的台湾亚种除不能感染中国大陆的血吸虫外，对其他地区的血吸虫均易感；高雄的台湾亚种只能感染彰化和宜兰的血吸虫；最突出的是来自台湾阿里老的邱氏亚种在实验室对各地的血吸虫均易感。

中国大陆湖北亚种在不同地区对日本血吸虫毛蚴的感染情况也有所不同。据中国医学科学院寄生虫病研究所试验：以南京的日本血吸虫毛蚴感染采自江苏、浙江、安徽、江西、福建、湖北、湖南、四川、广东、广西等地的钉螺，结果除福建、四川、广西的钉螺未被感染外，其余各地的钉螺均有不同程度的感染。

各地钉螺都易为本地的血吸虫毛蚴所感染，如以异地毛蚴接种，结果并不一致。以安徽贵池的血吸虫毛蚴感染江西、湖北、江苏、福建、广西、四川和菲律宾等地的钉螺互相杂交产生的子1代成螺，结果除该地的血吸虫不感染福建雄螺与四川雌螺杂交组外，能不同程度感染其他各杂交组。其中以江西雄螺与湖北雌螺杂交组的感染率最高，达81%，广西雄螺与福建雌螺杂交组感染率最低，仅为1.3%。对照组感染率以安徽的钉螺最高，为79.8%，湖北的钉螺次之，为55.4%，福建的钉螺最低，仅为8.1%；贵池的血吸虫不感染四川及菲律宾的钉螺。

表 3-1 日本血吸虫毛蚴感染各地钉螺情况

钉螺亚种	日本血吸虫的感染率（%）				
	中国大陆	中国台湾彰化	台湾宜兰	菲律宾	日本
（中国大陆）	34（D）	0（D）	—	20（HH）	13（D）
（中国台湾）	0（D）	35（D）		0（HH）	0（D）
彰化	0.8（H）	18—36.2（MW）	—		
宜兰	0（HH）	1（MW）	24—51（HH）	5（MW）	5.6（MW）
高雄	0（HH）	0—1.8（MW）	0—0.8（HH）	0（MW）	0（MW）
（中国台湾）阿里老	61（HH）	69.2—100（C）	83（HH）	98（HH）	22.2—100（C）
（菲律宾）	0（D）	6.4（D）	—	44—75（PH） 28.7—45（MW）	0（D）
日本	0（D）	21（D）	—	9.6（HH）	21（D） 44.4（H） 35.7（—） 43.8（MW）

注：（C）: Chiu, 1967；（D）: Dewitt, 1954；（H）: Hunler et al, 1952；（HH）: Hsu & Hsu, 1960, 1967；（MW）: Moose & Williams, 1963, 1964；（PH）: Pesigan & Hairston, 1958。

二、钉螺的生殖与发育

（一）性腺的季节性变化

在中国的气候条件下，雌性钉螺的卵巢，每年有一度丰满和一度萎缩的周期性变化。一般在春季卵巢丰满，呈鲜黄色，而在酷热的夏季和严寒的冬季呈萎缩状态，颜色较淡，秋季逐渐恢复到丰满程度。除在萎缩时期外，其余时间卵巢均含有不同发育阶段的卵，其中以4、5月含卵最多，但因各地气候不同，卵巢发育的情况也有所不同。雄螺睾丸的变化也有周期性，在雌螺卵巢发生变化的同时，雄螺睾丸也相应地发生变化。但一般睾丸开始萎缩的时间比卵巢萎缩时间稍迟，而恢复的时间则较早。

（二）钉螺交配及影响交配的因素

钉螺交配与外界条件、本身的生态习性以及生理状况均有密切关系。各地气候条件不同，钉螺的交配情况也有所差别。一般来说，以4、5、6三个月份为钉螺交配的最盛期，9月、10月、11月次之，严寒或酷暑时极少交配，甚至停止。气温15~20℃最适合交配，30℃以上或10℃以下则不适宜。钉螺喜栖息于潮湿的泥面及有庇荫的地方，因此绝大多数的钉螺在近水的潮湿泥面上和草根附近交配，很少在水中交配。在降雨或潮汛以后或有浓露的清晨，可见到较多的钉螺保持交配状态。干旱可严重影响钉螺交配，甚至使钉螺停止交配。

钉螺的交配频度与生殖腺的发育的状态有关。在春季雌螺卵巢和雄螺睾丸发育旺盛时期以及秋季卵巢与睾丸恢复发育时，钉螺交配较为频繁，夏季炎热，处于高温和强烈阳光下，不利于钉螺活动；冬季寒冷时，也不利于钉螺活动，因此，钉螺很少交配，或者停止。此外，钉螺交配的频度与钉螺的密度均呈正比。

（三）产　卵

1. 产卵方式与过程

雌螺在产卵期先寻觅产卵场所，然后停留一处，吻部作伸缩运动，并深入泥土内，停留约 6 分钟后，脱离泥土，在泥土上留一小洞，当吻晨向上举起时，可见到钉螺头部右侧方有清水样液体沿头颈部的侧面流下，经吻部流入上述泥洞中，这种液体中含有一个外面包被透明膜的圆球形螺卵。随后，雌螺在产卵处用足作前后左右轻微的运动，泥洞和产出的卵就被周围的泥土封埋起来，完成了产卵的过程。整个过程最短为 6 分钟，最长 24 分钟，平均 14 分钟。中国钉螺为单个地产卵，密集或分散地分布，无一定的规律。

2. 产卵季节

钉螺产卵时间大致与性腺变化的时间一致。产卵可分为四个时期：①准备期——从卵巢开始含卵（约在 9 月份）至产卵前，约 2.5~3 个月；②产卵期——从每年 11 月份开始，一直延续到次年 7 月份上旬或中旬，为时约 7 个月；③消退期——卵巢中仅有少数卵存在，并逐渐趋于消失，为期约 3 个星期；④静止期——钉螺体内不含卵，停止产卵。产卵的时间与气候有关，因此各地情况有所不同。

3. 产卵影响因素

（1）温度。钉螺产卵的最适宜温度为 20~25℃。钉螺产卵的时间，随温度的转变而变化，温暖季节越长产卵的时间也越长。实验证明，在 8℃ 以下低温环境中，产卵被控制。所以，温度对钉螺产卵有一定影响，温度的逐渐上升有利于螺卵的孵化和幼螺的发育。

（2）水分和泥土。钉螺产卵所必需的环境条件为泥土和水分。在不同湿度的泥面上的产卵数以半潮湿泥土最多，潮湿泥土次之，泥水中最少。在不适宜的环境中，即使在产卵季节也不产卵。钉螺为水、陆两栖软体动物，在水、陆两种环境中所占的比例相差不大，分别为 52.1% 和 47.9%，但螺卵绝大多数产在陆地上，占 99.4%。据观察，螺卵主要分布在近水线的潮湿泥面上。钉螺与螺卵的纵深分布情况基本上是一致的。一般近水线处的密度最高，在距水边 1.5 米的范围内最多，离水线愈远愈低；在水中虽有钉螺，但螺卵数相对较少。螺卵需要泥土包被，实验证明如果仅给以水和草而无泥土，则钉螺不产卵，其体内副腺和卵巢也都逐渐萎缩。

（3）光线。虽然钉螺在黑暗或有光线的环境中都能产卵，但在光照下产卵较多，在完全黑暗中产卵甚少。在光照下产卵的数量和光照时间的长短成正比。

（4）其他因素。钉螺经过土埋，只要未死，其卵巢仍有恢复发育的可能。此外，被日本血吸虫感染的钉螺，无论雌雄螺的生殖器官的发育均受到阻碍，被严重破坏的卵巢不含卵，生殖机能受到严重影响，这说明寄生虫的寄生，对钉螺繁衍后代很不利。

（四）螺卵的发育和钉螺的生长

1. 卵胚的发育

螺卵必须在一定温度的环境中才能生存和发育。据实验观察，刚产出的螺卵是单细胞，很快就分裂成 2 个、4 个和 8 个细胞，至第 2 天大多数成为多细胞，至第 4 天可见到胚胎在卵巢内转动。第 10 天头部和足部已经形成。第 13 天螺壳和内脏已经形成，部分可见心搏。

第 23 天可见心、胃和肝的雏形。至 30 天以后，75% 已发育至 2 个螺层，此时把除去泥皮的螺卵放在水中，次日即有幼螺孵出，在泥土上的螺卵自然孵出幼螺是从第 35 天开始。

2. 影响螺卵孵化的主要因素

（1）温度。螺卵孵化时间的长短与温度有关，平均温度 13℃时，需要 30~40 天；16℃时需 20~28 天；23℃时需 18 天。12 月份所产的螺卵约需 120 天才能孵出，而 6 月份所产的螺卵只需 11~30 天即可孵出。这说明温度增高，螺卵孵化时间缩短。在人工控制持续温度在 37℃以上或 6℃以下，100 多天后螺卵还不能孵化。

（2）水分。螺卵必须在水中或潮湿的泥面上才能孵化，在干燥环境下不能孵出。在水中孵化的时间平均为 14~35 天，在湿泥中平均为 24~64 天。螺卵在野外水中比在潮湿陆地上的孵化率高。钉螺在水退未干时所产的卵，随着泥土变干而逐渐失去孵化能力。实验证明，螺卵在自然情况下干燥 24 小时后，其孵化率仅 5.3%，5 天后仅 1%，再延长时间则全部不能孵化。

（3）光线。实验证明，光照有利于螺卵孵化，但在完全黑暗的情况下，螺卵也能孵化。

（4）受精。未经受精而产出的螺卵不能孵化，因此单独的雌螺，如果未经交配，即使能产卵，也不能孵出幼螺。

（5）泥皮。螺卵外包泥皮对孵化有利，失去泥皮后，孵化率就显著降低，实验证明，失去泥皮后孵出的幼螺，软体部分的发育虽未受到障碍，但螺壳的形成则受到极度限制，第 12 天的幼螺仅有半旋螺壳，这说明卵外泥皮不仅具有保护作用，而且对螺壳的形成也有影响。

3. 螺卵孵化的季节性

螺卵发育以及幼螺孵化的时间取决于环境因素，主要是温度和水分，各地钉螺卵孵化所需的时间长短不一，是受所在地区的地理、气候等自然因素的影响。早春所产的螺卵因气温较低、雨水稀少，不利于卵胚的发育，故所需时间较长；而较晚时期所产的螺卵，由于气温上升，雨量增加，适宜于螺卵发育，所需的时间就相应地缩短。因此，螺卵发育时间的长短主要不取决于本身的机能的差异，而是受环境因素制约。钉螺产卵每年随可长 6~7 月之久，但幼螺大多在温暖的 4~6 月出现。虽然各地幼螺出现时间有一定差异，但幼螺出现的高峰期则在温暖多雨季节，具有普遍的规律性。

4. 幼螺的生长

在正常的情况下，幼螺孵出至发育成熟并开始交配，约需 2.5 个月。据广州、杭州、镇江等地的观察资料，钉螺发育的快慢、生长的迟早，与当地的地理、气候等自然条件有密切的关系。广东地处南亚热带，气候温暖，雨量充沛，钉螺交配、产卵和幼螺孵化时间均较早，从幼螺发育到成螺仅需 2.5 个月，2~3 月孵出的幼螺到 5~6 月可达到成熟和交配阶段。随着纬度北移，气温较低，钉螺繁殖与生长的情况也随之有变化。以杭州为例，当地钉螺交配、产孵与幼螺孵出均较广东为迟，幼螺发育至成螺约需 3 个月时间。到镇江和武汉，由于气温变化与降水量的季节性变化与上述地区又有所不同，钉螺的交配、产卵及幼螺孵出时间更迟，幼螺发育至成螺所需时间也更长，约需 4~5 个月之久。

三、钉螺的分布环境及活动习性

（一）钉螺分布环境

钉螺的分布取决于自然因素，以中国大陆为例，钉螺颁地区的1月份平均气温都在0℃以上，年降水量都在750毫米以上，此外，与土壤、植被也有一定关系。中国钉螺主要分布于洞庭湖、鄱阳湖及长江中下游的江、湖、洲滩地区。血吸虫病流行区与钉螺分布区基本是一致的。根据血吸虫病流行区的地理特点及钉螺孳生地区的特征，可将中国钉螺分布区分为水网型、湖沼型和山丘型三个类型。

1. 水网地区

江苏、浙江、安徽、上海艾地的水网地区，河道、沟渠纵横交错，互相通连，密如蛛网。有零星的凹塘，有的孤立存在，有的与河、渠相通。水网地区的河道、沟渠多直接或间接与江、湖相通，有些近海地区受潮汐的影响，水位常有升降的变化。较大的河道或沟渠，水流较急，冲刷岸边，不利于钉螺孳生。据调查，河水流速每秒超过14厘米的河岸未发现钉螺。水流缓慢的河道或渠道适于钉螺栖息，因此钉螺密度较高。在有螺沟渠与河道相通处，钉螺较为密集，这说明有互相蔓延的可能。与有螺沟渠相通的田、塘，往往可以找到钉螺，尤以入口处的钉螺密度较高。稻田的钉螺一般多分布在田边。

在水网地区，水中一年四季都可以发现钉螺，而在水陆分布的比例则各季不同，一般冬季水下钉螺较少，春夏之交水下钉螺较多；钉螺在较平坦的斜坡或浅滩处密度较高；在近水线处密度也高，远离水线处密度则低。当水位上涨时，钉螺被淹没，水位下降时，钉螺遗留在岸上，但水位变化小或变化后相隔1周以上时，钉螺有随水位上下移动的趋势。潮汐对钉螺有一定影响，在潮汐水位差大于1米以上地方，就没有钉螺孳生，波浪经常冲刷处也无钉螺。

水网地区许多河岸种植树木，近居民处的河边常用乱石堆砌，保护河岸，或年久积累大量碎砖瓦砾，或因生活上的需要建立许多洗物或取水用的码头，这些人为的特殊环境也为钉螺提供了隐蔽栖息的场所，在水网地区村庄周围居民生活、生产常到之处，人、畜粪便经常污染，感染性钉螺分布较多。

2. 湖沼地区

在湖沼地区钉螺分布有湖滩、洲滩、江滩几种类型。植被有草滩、芦滩之分。

（1）湖滩。长江中下游调蓄洪水的湖泊大小不一，大者有洞庭湖、鄱阳湖，这些湖泊均与来自外围的河流相通，大河并与长江相连。每年雨季河水上涨，周围山岳广大集水面积洪的洪水涌入湖内，每当汛期长江水位上涨时，大量江水往湖里疏泄，因而湖滩被淹没，呈现一片汪洋。这种情况从5~6月开始，可持续至8~9月，10~11月后，江水下落，湖水外泄，滩地暴露，形成辽阔而潮湿的草滩，有利于钉螺孳生。由于湖滩面积广阔而平坦，江水、湖水涨落的推动，以致钉螺呈面状分布，范围较广。据湖区五省的调查，湖滩钉螺分布在洪水线以下、枯水线以上的一定范围的滩地上，洪水线以上及枯水线以下的滩地则未发现钉螺。这说明在常年干燥或常年水淹滩地，钉螺无法生存。据湖南调查资料，在一年中水淹时间极少的地方，虽可发现少量钉螺，但其死亡率极高，几乎接近100%。又据安徽省调查资料，淹水7个月以上的湖滩及养鱼湖区未发现活螺。这些资料说明，钉螺经过一定的水淹时期后就地无法生存，为淹水灭螺方法提供了科学依据。在长江中下游的湖滩地，钉螺分布高程随着地区的不同而有较大的差别，长江中游的湖北和和湖南的有螺湖滩高程可达20~30米(吴淞口为基点)，而下游的江西省鄱阳湖滩地钉螺分布高程为14~17米，其中以15~16米的高程间为最多，安徽省贵池市有螺湖滩的高程仅9~10米。湖沼地区还有河边滩地的地势较高达4.8米，一年中的淹水次数较多，但时间不长，汛期过后滩地潮湿，钉螺较多，活螺平均密度亦高。河湖间滩地的地势高度次于河滩地，为2.5米，内港纵横，内湖较多，此处的钉螺较少，活螺密度亦低。河边滩地钉螺多呈面状分布；河湖滩地钉螺多呈线状分布；湖中滩地钉螺分布高程仅限于该湖滩的最高高程处，呈点状分布。不同滩地的淹水时间不同，植物生长情况亦异，以鄱阳湖林充洲为例，一般最长淹水时间达250天以上的滩地，无草亦无螺；最长淹水210天处，生长矮草，开始有少量钉螺出现；最长淹水160天处，盛长中等高度的杂草，钉螺密度较高，最长淹水110天处，生长高草，钉螺密度较低（表3-2）。

表3-2　湖滩淹水时间、植物生长情况与钉螺密度关系

类别	草名	最长淹水时间（天数）	钉螺密度（只/0.11平方米）
高草	荻芦、茅草等	110	0.5
中草	莎草、野荸荠草、土萝卜草等	160	12.2
矮草	牛毛草	210	0.1
无草		250	0

注：根据郭源华等整理。

（2）洲滩。江西鄱阳湖及其相通的大小湖泊中，有历年泥沙淤积而成的荒洲，这种地势高于周围的洲滩上盛长杂草或芦苇，夏汛期被水淹没。如将此种荒洲圈圩垦种，则圩内称垸。盛长芦苇的芦滩也有钉螺分布，但因地势较高，保持干燥的时间较长，因此钉螺的死亡率较高。

（3）江滩、江心洲。在长江中下游的岸边，有沙土淤积而成的滩地，称为江滩，如滩地位于江中则称为江心洲。这种洲滩多因防汛而在靠近长江的一边或滩的周围筑堤，为了泄洪、防浪，还在堤外面有缓冲地带，种植树木或保留芦苇，借以防浪护堤。为了护堤还在堤坡上投放大量石块形成石驳岸，环境甚为复杂。每年汛期长江水位上涨，堤外或破堤的滩地被淹，水退后保持潮湿，生长杂草、芦苇，适于钉螺孳生。钉螺在江滩地分布情况，在常被江水冲刷而无植物生长的江边沙地上没有钉螺存在。在近沙地的草滩或生长荻芦（瘦细芦苇）区，由于土质贫瘠，植物稀疏，虽有钉螺出现，但数量较少，在盛长泡芦（较粗状芦苇）处，土壤较肥沃，钉螺出现率及密度则较高。已经围垦的江滩，钉螺主要分布于圩内灌溉渠中，每当春夏季节，堤内积水造成内涝时，钉螺分布范围随之扩大。

据湖北省调查报告：沿长江的芦苇滩根据地势高低与芦苇的长势，可分为正洲与偏洲。在芦苇区的边缘与内部又有草滩、内湖、沟渠、坑塘等不同类型的环境，均有钉螺孳生，但

钉螺分布的密度的随着孳生的差异而有所不同。据调查统计，正洲有螺面积占芦滩有螺面积的 44.9%，偏洲占 20.6%，草滩占 25.9%，沟坑最低（表 3-3）。

表 3-3　湖北省监利县中洲滩钉螺、杂草和芦苇的分布

类型	调查框数	活螺框数	活螺框出现率（%）	活螺数量	活螺平均密度（只 /0.11 平方米）	杂草分布面积（%）	芦苇平均根数（根 / 平方米）
正洲	50	45	90	158	3.16	29.3	55.2
偏洲	60	56	93.3	415	6.92	79.9	36.2
草滩	81	81	100	1399	17.27	100.0	0
沟坑	80	37	46.3	130	1.63	—	0

注：根据湖北省医学科学院寄生虫研究所，1979。

江心洲芦滩以湖北省嘉鱼，洪湖县白沙洲为例。活螺框出现率与活螺密度以洲尾低处最高，洲中部次之，洲头高处最低，钉螺死亡率以高处最高。芦滩正洲以靠内湖部位的钉螺密度高于靠长江部位；心洲芦滩则以靠近次航道一边的钉螺密度高于靠主航道的一边；其纵深分布以进芦苇生长处内 1~50 米处的钉螺密度最高，向内渐低。

（4）内湖草滩。在较大的内湖之中出现的盛长杂草的滩地称为内湖草滩。例如江苏省高邮湖与邵伯湖之间的新民乡草滩，滩上盛长秧草、蒿草和芦苇。滩地每年 4~5 月退水，也出现"冬陆夏水"的情况。滩上河港交错。据江苏省血防所（1957）报告，该处各草滩上的钉螺分布面广，但密度相差很大，同一草滩上的情况也是如此。

（5）河边滩地、草塘。苏州、常熟、无锡一带的河边低洼地出现成片的芦滩，或夹有一草滩，面积大的数万平方米，小的只有几百平方米。由于常年泥土饱含水分或有小积水而无法垦种，同一草滩上的情况也是如此。

（6）滨海草滩。江苏省东部大丰、东台两县的滨海地区有较大的草滩，这类草滩钉螺为数很少，据南通医学院（1955）调查大丰县部分地区，证明经常受海潮波及的高盐土地带及水咸苦涩的河塘中有钉螺存在。钉螺主要分布于天然的沟、塘及草滩地，在离海较远的潮湿草滩上钉螺较多，离海最近的有螺点约距海边 10 公里。

3. 山丘地区

该地区地形复杂，钉螺孳生环境也很复杂，地形可分高山地带和丘陵地带，钉螺分布规律一般是随着水系自上而下地分布在各个不同地形的孳生环境中。山区钉螺分布的环境，大致可分为 3 种：一是钉螺的发源地，主要是指山上源头和地势较高的点状分布地区，钉螺孳生在海拔 200~300 米的山腰处，最高可达 600 米，为钉螺生长和繁殖的场所，不易受人为因素的影响而变化；二是钉螺主要孳生地，如大溪两旁的草埔、灌溉沟渠、池塘、田地、居民点附近的小沟、洼地及水库的周围等，这些环境适宜于钉螺孳生和繁殖；三是临时停留点，如大溪乱石下、沙质沟及常年较干燥处，一般不适宜钉螺生活，只有个别钉螺出现，它们多是由于山洪冲刷，随水而来。山丘地区为钉螺发源地和扩散来源，主要孳生于村庄附近，是人、畜生活和生产频繁接触的地方，具有一定危害性，应加以重视。山地地形复杂，从总的来看，钉螺主要孳生在灌溉沟渠及田边。

（二）钉螺生活习性及其影响的主要因素

1. 栖息与活动习性

（1）钉螺的两栖习性。钉螺为水陆两栖的淡水螺，在长江流域中下游及其以南地区的江洲滩地、湖滩、沟渠、溪流岸边常发现有钉螺的存在，水上、水下均有钉螺栖息。据调查观察，幼螺喜在水中生活，成螺通常在潮湿而食物丰富的陆地上生活。水流缓慢或水位变化不大的地方为钉螺适宜的栖息场所。气温和水位有变化，则钉螺栖息地点也有所变化。通常钉螺栖息在水线上下1米的范围内，特别集中在水线上33厘米范围内，全年各月较为一致。这一范围由于潮湿，有机质及微生物丰富，适宜于钉螺栖息。据上海市血防所（1958）报告：河岸全年水上、水下钉螺的平均数量比例，水上占有87.9%、水下占有12.1%（图3-1）。

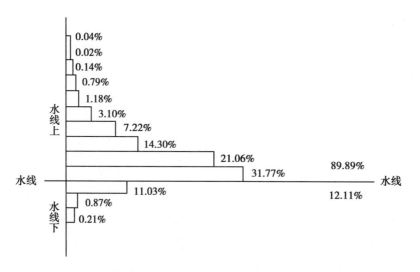

图 3-1 河岸水线上下钉螺的分布（上海市血防所，1958）

虽然由观察地点的环境条件、水位变化以及观察时的气候因素不同，结果会有所差别，但水线上下钉螺分布的基本规律是一致的。在湖泊地区6~10月淹水季节，钉螺被淹没水底，但在浅水处，可沿着半淹没于水中的草叶或草茎爬到水面。当湖滩被淹没于深水时，钉螺就不可能爬上水面，而在水底生活可达4~5个月之久。当芦苇未被江水完全淹没时，不少钉螺爬出水面，附着于芦苇、叶上。短期淹水（6~12天）的芦滩未发现钉螺上爬，淹水长达27~79天则发现大量钉螺爬到芦秆、芦叶上，其中幼螺占56.1%，老螺占43.9%。上爬高度，从当时水面算起，有62.2%的钉螺接近水面，32%爬至水面上10厘米处，4.7%爬至水面上10~30厘米处，1.1%爬至30厘米以上，个别的钉螺可爬达1米以上处。丘陵地区沟渠中的钉螺常年亦以陆栖为主，集中近水线地带，在沟渠水退后，沟底较潮湿，钉螺密集，如遇大雨，沟内积水，钉螺被淹，但仍然逐渐离水上陆。

（2）钉螺在土层中的活动。钉螺栖息在土表面与土层内的情况因地而异，也随气候变化而有所不同。根据湖北省黄花涝湖滩观察报告（杨应波，1957），土表钉螺占61%，土层内占39%。随着土层深度的增加，钉螺的数量减少，死螺数增加。在6~8厘米深的土层中，找不到活螺。据江苏省观察报告，钉螺在6厘米深的芦滩土层中也能找到，在深土层内的钉螺多为死螺。湖北省医学科学院寄生虫病研究所报告，在监利县中洲芦滩共调查 201 框，检获活螺 360 只，其中土层内 50 只，占 13.9%。4 月份及 11 月份土层中的钉螺数量较多，6 月份最低。土层内的钉螺以 2 厘米深处最多，占土层中钉螺的 98%，2~5 厘米深处仅 2%。

据上海市青浦县河岸调查结果，冬季冰冻时间持久，气温经常降到 –5℃时，大多数钉螺深入土内。最低温度在 –8~2℃时，土层内钉螺数量约为土表的 2 倍；气温 6~19℃时，土表和土内的钉螺数相仿。

山丘地区据在浙江省灌渠沟岸的观察，常年可在土层内查到钉螺，一般土表钉螺约占 60%，土层中浅土层约占 30%，深土层约占 10%，土层内的钉螺数量随着季节变化而有所不同，冬季 1 月和 12 月份，钉螺在土层中的数量最多，分别占总数量的 67.8%、79.9%；夏季次之，为 53.3%；其他月份，钉螺在土层中所占的比例，一般在 28.4%~50.2% 之间。钉螺在土层中匿住的深度，以冬季为最深，可达 10 厘米；通常在 6 厘米以内的土层中都可找到钉螺，而以 2 厘米深的土层中的密度较高。

潜入土层内的钉螺，一般在土质疏松、地面有裂隙、多根孔和洞穴的灌溉沟岸的土层内较多。在水线上 33 厘米内钉螺数量最多，所占的比例为 52.9%，深达 14 厘米；再上直至 165 厘米处的土层内所占的比例在 22%~24% 之间，深度为 6~12 厘米。离水线愈近，钉螺在土层中愈深。水面下的土层中钉螺比水面上更多，分别为 72.4% 和 65.7%。虽然水面下泥土含水量已饱和，但活螺仍匿住在土层内。

钉螺的出土和入土的活动，受温度和湿度的影响，特别是下雨时，钉螺栖息环境水分增大对其活动影响较大。据不同季节观察（浙江省卫生实验院），钉螺的出土活动，冬季土层内约有半数向土表移动，春季约有 94%~96%，夏、秋季约有 74%~76% 的钉螺爬出土层，但在 7 月份出土的钉螺很少，仅有 2.1%。一般气温在 20℃左右时，钉螺的出土率最高，但气温接近或超过 30℃时，钉螺的出土率下降，钉螺在雨天的出土率很高，平均达 37.6%，阴天次之，为 16.9%，晴天最低，为 8.4%。土层内的钉螺死亡率一般都比土表高，土表的死亡率为 6.9%，浅土层为 17.9%，深土层为 19.1%。但在 10~14 厘米土层中还有活螺。水下钉螺的死亡率也比水上的高。

（3）迁移活动。

迁移范围：据观察，钉螺可沿沟岸边爬上 0.5~1.0 米高处，也有逆流上爬趋势。在江西省上饶曾观察到沟中钉螺与田中钉螺有互相迁移的趋向，以从沟中移向田中为主，据在江苏省镇江实验观察，在沿江陡度 25°的圩岸，于 0.44 平方米范围内放螺 1 万只，观察 1 天后的扩散范围为 1.54 平方米；但在放螺的岸面两侧，以 1.1 平方米范围内的钉螺较多。湖滩钉螺的扩散，据湖南省报告，洞庭湖滩在 1~2 月间，95.4%~99.9% 的钉螺留居原地，余下极少数钉螺最远距离不超过 0.5 米；4~5 月中钉螺的迁移距离，5 天为 1.3 米，30 天为 4.15 米。观察表明，在较恒定水位的情况下，钉螺的扩散距离不远。但在长江汛期，江滩或江心洲由于洪水推动，钉螺不仅可大量随水迁移，而且扩散距离较大。据湖北小监利且实验观察，发现在江面水流速度 0.97~2.2 米/秒，风速 3 米/秒和 3 级波高的情况下，有 17.3% 的钉螺可依附载体漂流 5 万米以上，而多数钉螺只能随物体飘流至 5 万米以内（个别情况可以更远），在此距离内，载体上的螺数随着漂流距离的逐渐增大而不断减少。载体飘流 1000 米、5000 米、10000 米、30000 米、50000 米距离时，在途中散失钉螺的百分率依次为 20.0%、27.5%、45.7%、66.7% 和 82.7%。2~4 旋的小螺的散失率明显低于 5~8 旋的大螺。由于钉螺须依靠载体随水流扩散，因而水的速度、波浪的程度等都是影响扩散的因素。

迁移扩散方式：

①游动。从钉螺的结构来看，没有专门的游动器官。但幼螺能够足向浮悬于水面，如不受外界的影响，不致翻转下沉。成螺可以伸张腹足，倒悬水面游动或摄食。钉螺浮悬水面游动的速度与水体温度成正比，水温在 6℃ 以下时，虽能浮水面，但不能游动，浮在水面时间一般不超过 5 分钟。在静水面游动时间约为 36.15 小时，每分钟游动速度约为 2.2 厘米；在流动的水面游动最长时间为 20 分钟，每分钟移动速度为 1.55 米，这与水的流动有关。虽然钉螺可以在水面游动，但游动时间、速度和距离毕竟有限，所以钉螺游动不是造成扩张的主要原因。

②随水或随物飘流。在上海市青浦县观察到在河中捞取金鱼藻及苦草沤肥时，遗落水面的断残枝叶上有钉螺爬附，随之飘流。在江苏省镇江市郊区捞取河中水面漂流物，检查 220 次，其中发现钉附着钉螺的有 56 次，检获钉螺 221 只。湖北省医学科学院（1979）报告：在石首县芦滩排水沟下段及沟口附近长江故道的水面上，用尼龙纱网捞螺或拦螺，结果在离密螺带 200~600 米距离内均捞获或拦到不同数量的活螺。江苏省镇江以西的江、洲、滩新扩散的在螺面积为 317 公顷。1982 年又增加 402 公顷。长江中新增的洲滩，如附近洲滩有螺，生长芦苇后，3~5 年就可查到钉螺。扬州市邗江县的东外新滩，1970 年开始长滩，1975 年长芦苇，1980 年在约 7 公顷芦滩中，发现有螺面积 3 公顷。江滩钉螺还会向通江的河道扩散。江苏省北部大运河的石驳岸于六七十年代新建，近年来调查发现有螺段长度不断增长。例如高邮一段，1972 年有螺长度为 300 米，1975~1979 年依次为 4400 米、6400 米、8800 米、9860 米、15083 米，增长了 49.3 倍。这可能由于长江送水造成钉螺的扩散。此外，还发现钉螺附着于来往船底，随船迁移情况。

2. 影响钉螺生活的主要因素

（1）光线。钉螺对光的反应较敏感，据实验观察，钉螺在全光的环境中，每分钟爬度约为 0.3~0.7 厘米左右。在全光或全暗的环境中，钉螺无一定爬行方向。由于光照强度的不同，钉螺可表现趋光或背光的反应。钉螺所喜的照度大约在 3600~3800 勒克斯。但照度低至 0.1 勒克斯时，也能强烈地吸引钉螺。钉螺在 15、40 和 100 支光的光源照射下都有趋光性，但对强烈的日光（4000 勒克斯以上）表示畏缩，背光而行，或潜伏于隐蔽物下。中国医学科学院南京寄生虫病研究所观察，在不同季节的钉螺昼夜活动的情况，证明在 4 月、6 月和 9 月中旬，钉螺的活动以下午 6 时至次晨 6 时，最为活跃，白昼活动较少。据陈国忠（1957）报告：钉螺在白昼活动以上午 6 时为最多，下午 6 时次之，中午 12 时活动最少，夜晚 12 时与上午 6 时区别不大。

在直接阳光下，如钉螺的栖息环境毫无遮蔽，则在强光与高温下很快死亡。据陈枯鑫（1956）报告：在 6~8 月，气温 25~34℃ 时，钉螺在无草的干泥面上，经阳光照射 8~10 小时后，其死亡率达 98.3%~99.6%；而在有草（或无草）的湿泥面上及水内，虽经阳光照射，钉螺的死亡率都很低，但其中以无草的湿泥面上钉螺死亡率较高。夏季干燥条件下，直射阳光使钉螺死亡的原因可能是由于高温和强光下，钉螺体内大量失水所致。

（2）温度。适合钉螺生命活动的温度是 20~25℃，过冷或过热均不利于钉螺活动，繁殖甚至影响寿命。钉螺在低温 2~4℃下仍能爬行，随着温度的升高，钉螺每小时的平均爬行速度增快，以 28~30℃的平均爬速度最快，33~35℃时，开始爬行快，但不久即呈衰竭状态。

钉螺的死亡的与温度有关。据苏德隆观察报告（1957）：在 −2~4℃时，处于干燥环境中的钉螺比浸在水中的钉螺死亡较慢，而在 −14℃时，二者都在 1 分钟内死亡，在水温 29~30℃及 38~42℃的试管中，如不让钉螺爬出水面，则分别在 48 小时及 12 小时内全部死亡。据金壁如（1956）观察报告：水温在 0~5℃时，大多数钉螺潜伏水中不动，10~30℃时，钉螺大水中活动力强，并有爬出水面的趋势，尤以 20~25℃时最为显著。水温还对钉螺的开厣有一定影响，在 10~12℃、20℃、30℃及 36℃水中，以 10~12℃和 20℃两组钉螺的开厣率较高。

在自然环境中，钉螺活动一般以 4 月、5 月、6 月较多，7~8 月活动显著减少，9~10 月又增多，11 月下旬又减少。至于在严寒或酷热时，钉螺是否表现眠蛰现象，因各地气候不同，所观察到的情况也有所差异。据在武汉观察，钉螺有冬眠和夏蛰现象。安徽省南部的情况亦类似。但在南方广东、福建等省，因气候温暖，钉螺无明显冬眠和夏蛰现象。江苏省镇江河岸和室外养螺沟中观察钉螺越冬现象，当地钉螺在 11 月中旬以后便开始栖息在草根部、泥缝、瓦片下和落叶下，地面的钉螺数目减少；自 12 月至翌年 2 月份，钉螺的蛰伏现象最为明显，3 月份地面上的钉螺数开始逐步上升。

（3）水分。水分是促使钉螺活动的主要条件之一，尤其是在幼螺阶段必须生活在水中，离水后即很快死亡。在水中或潮湿的地面上，成螺常伸出头足部爬动，但在干燥的环境中，钉螺软体则缩入壳内，闭厣不动，以减少体内水分的蒸发，这是钉累抗御干旱的本能反应。在气温 30℃时，阳光直射的干泥面上，1 小时后钉螺即闭厣不动。在荫处干泥面上，气温为 22~29.5℃时，2.5 小时后钉螺全部闭厣不动；在湿泥面上，8 小时后仍有不少钉螺微微爬动，仅有 7% 钉螺闭厣不动。据沈一平（1955）报告：在含水 30% 的泥面上，钉螺活动率为 51.6%，含水 20% 的为 21%，含水 12.25% 的为 0.28%。钉螺在干燥环境中虽然不能活动，但成螺却具有一定的耐干能力。在气温高的情况下，钉螺耐旱时间较短，而低温下则长。在寒冷季节，钉螺的抗干能力较强，经 5 个月后，仍有 18.5% 存活，在夏秋季，成螺在干燥环境中，经 95 天后死亡率为 62.1%。虽然钉螺有一定耐干能力，但干燥毕竟对钉螺不利。因此，改变钉螺孳生环境，控制水分，保持长期干燥，可促使钉螺死亡。

至于水质和钉螺分布的关系，一般钉螺孳生地的水质 pH 值为中性或微碱、微酸；但有的地方钉螺在 pH 值 8.0 左右的水中也可生活，在 pH 值 9.7~9.8 的水中尚有部分钉螺爬行，但在 pH 值 9.8 以上的水中，即闭厣不动。

（4）草。钉螺孳生场所往往是杂草丛生，而无草处一般未发现钉螺，即使偶然见到，其密度也很低。因为，在有草的地方，钉螺能获得适宜的温度、湿度和食物等条件。而且在夏季可避免阳光直射，在冬季聚集在草根附近可避严寒。因此，在自然界钉螺的分布与草的生长有密切关系。有草无草，以及草的多少是决定钉螺分布不均匀性的主要因素之一。

（5）土壤。钉螺宜在富含有机质、含氮、磷、钙的肥沃土壤环境中生活。在这种土壤上其分布密度有增大的趋势。pH 值 6.8~7.5 的微碱、微酸或中性的土壤都适于钉螺生存。在含沙量为 87.8%、pH 值 8.0 以上、可溶性盐为 0.26% 的泥土上钉螺也能生活。在湖沼地区含有丰富的腐殖质的土壤，钉螺生长较大，壳表的纵肋显著地较粗且高。但在土壤贫瘠地方，钉螺则生长较小，纵肋较细或不明显。

（6）食物。钉螺可摄食原生动物及植物，但以摄食植物性食物为主，其嗜食种类较多，包括藻类、苔类、蕨类和草本种子植物等。据调查研究，钉螺的食物不仅有很复杂的藻类植物，而且在其肠、胃中还发现有被摄食的高等植物的细胞残渣及微小动物。又据观察，钉螺大量吞食泥土，其所排除大量粪块也是泥土。检查钉螺栖息环境的表面土壤，观察到其中有许多硅藻，这种硅藻是属于舟藻科 *Naviculaceae*，中国医学科学研究院寄生虫病研究所实验证明：菱形藻 *Nitzschia* sp. 对钉螺幼螺的生长有促进作用。

钉螺的食性可通过观察钉螺的舔食运动、进食量和排粪规律等进行研究。根据钉螺舔食运动观察，温度在 5℃与 30℃时，钉螺不进食或少进食，20℃时，钉螺大量进食，饱后舔食运动减少，直至停止；10℃时舔食运动较持久而均匀，钉螺在 10~12℃时，进食量较大，排粪量亦较多。

（7）氧。钉螺在水中生活时，依靠鳃及外套腔与水接触，进行气体交换而取得氧气。据实验证明：钉螺随着温度的增加，耗氧量增大（在 20~30℃的温度范围内）。壳长的钉螺耗氧量大于壳短的钉螺。如以体重为计算单位，则小螺耗氧量高于大螺。据苏州医学院测定，每只钉螺 24 小时内的耗氧量平均为 0.1017 毫升，其耗氧量昼夜不同，夜间较多，约为白昼的 3 倍。钉螺在水中的耗氧量较恒定，远高于离水后的耗氧量，这可能是与钉螺在水中活动较强有关。钉螺对缺氧有有显著耐力，幼螺对缺氧较成螺敏感，在密闭的水中，24 小时后，成螺的死亡率为 13.6%，而幼螺则为 86.9%。

针对影响钉螺生活的主要因素，如光照、温度、水分、土壤、植被等环境因子，掌握其对钉螺生存的极限数据，通过在钉螺主要分布区及活动频繁地带，采取人为科学措施，用生态学和生理学原理，来达到抑制或消灭钉螺的目的。"以林为主，抑螺防病，综合治理，开发滩地"研究课题的科学设想和工程措施，就是从改变钉螺生态环境着手，来抑制钉螺孳生繁育，使逐渐趋于消亡。

第四章 滩地抑螺防病林的规划设计与造林技术

一、抑螺防病林的规划设计

（一）设计的中心思想

中国长江中下游湖区五省大面积江、湖、洲等"三滩"地区，是血吸虫中间宿主钉螺最为适宜的繁衍孳生场所，也是血吸虫病一直反复流行的严重地区。多年来，血防部门采取药物防治、围垦灭螺等多种措施，但始终未能取得消灭血吸虫病的预期结果，问题主要在于传播媒介钉螺有其适生环境。所以根治血吸虫病的有效办法之一，在于控制钉螺，特别是控制感染性钉螺。1990年，在安徽省政府的领导下有关厅局及血防部门的配合下，成立了以林为主，灭螺防病，综合治理和开发"三滩"课题研究组，采取生物防治措施，以生态学、经济生态学为指导，开展整地清杂、开沟修路，植树造林，林农间作，多种经营和林地管护等综合配套措施，选择优良速生的杨树、柳树及池杉、枫杨、乌桕等耐水湿树种进行造林，将滩地改造成为林地，由于林木的生长，并间种农作物，清除了芦苇、杂草，开沟沥水，改善了滩地生态环境，降低地下水位，造成不利于钉螺繁育孳生的条件，使钉螺数量明显下降，控制在最低限度，起到了灭螺防病的作用。安徽等省沿江滩地造林主要选用的杨树品种：72杨（*P.* ×*euramerican* cv. I—72/58）、63杨（*P. deltoids* cv. I—63/51）、69杨（*P. deltoids* cv. I—69/55）等优良速生品系，以适应低洼滩地的特殊立地条件，采取相应的栽培措施，并结合林农间作，加强林木抚育管理，这样才能取得造林成功，发挥抑螺防病的效果。此外，滩地造林设计还要考虑到多种经营，因地制宜，宜林则林，宜农则农，宜渔则渔，充分开发滩地土地、水利资源，繁荣地方经济，增加社会效益。滩地造林还可起到固堤、防浪、护滩作用，增加长江沿岸地带自然风光和提供汛期防治应急木料的需要。这里最重要的一点，就是必须把抑螺防病这个中心思想放在重要位置来考虑，设计中要始终贯穿围绕这一中心。另外，滩地造林多为当地群众投工投劳，群众必须有直接的经济效益，才能调动其积极性，并坚持下去。所以，综合治理和开发，兼顾生态、经济、社会效益，才符合群众利益。兴林灭螺系统工程必须长期坚持和贯彻下去，才能达到控制钉螺密度，根治血吸虫病的目的。

（二）规划设计的原则

抑螺防病林的工程设计，不同于一般性的造林设计，它首先考虑的是抑螺防病这个中心任务。同时，在沿江滩地造林，还必须与汛期的防洪、泄洪水利措施密切结合。造林工程均须依靠当地政府和群众来组织施工和经营管理，一定要考虑群众的直接经济效益，把生态效益与经济、社会效益结合起来。因此，在造林施工前要认真进行调查分析，从实际出发，提出科学而又可行的设计方案，将造林任务落实到具体的乡村、机构或其他实施主体。

造林设计要依据滩地具体情况和特点，在广泛收集有关资料的基础上进行。要深入了解当地的气象、土壤、水文、植被和螺情、病情等资料，主要造林树种的生物学、生态学特性和生长状况，苗木生产和病虫害情况，以及社会经济条件等，滩地造林地的小班区划，要具体到海拔高度、土壤质地、水文情况，包括常年水位、洪水水位和20年一遇的最高洪水位、自然植被以及螺情、病情的数据。

滩地造林可行性调查分析，江滩地土壤主要是江水每年冲淤积，土层浓厚，质地疏松、通气良好，肥力较高，质地不均，有夹沙层，江滩水情变化较大，冬陆夏水，水位较高，这样立地条件类型，适宜选择杨树、杂交柳的速生优良品种为主要造林树种。洲滩居于长江江心中，四面环水，地势平坦，土壤为冲积土，土层深厚、肥沃、土壤质地为细沙土或轻壤土，矿质营养含量较高，有机质缺乏。以安徽省安庆市新洲乡为例，由于水流的原因，形成3个土壤质地：水流急的上游形成沙土（眉毛洲），下游水流较缓和则形成壤土（小沙包），中间形成细沙土（中洲）。植被以芦苇为主，洲滩面积1733.3公顷，芦苇面积就占有933.3公顷。由于高程相对较低，每年汛期淹水，水流快，水量大，地下水位较高，呈冬陆夏水状态。洲滩立地条件类型，也适宜选用杨树为主要造林树种。同时也可选用柳树、枫杨、池杉等地耐水湿树种造林。湖滩水位变化复杂，其中有相当一部分较平稳，水流较缓，土壤质地较江滩、洲滩黏重，保水、保肥能力较江滩、洲滩好；湖滩造林适宜天长地久柳树、池杉、枫杨、乌桕、杨树、桤木等树种。

"三滩"地造林，影响和限制林业生产发展的主要因素是水文条件，其中汛期持续淹水深度和淹水时间，是影响林木生长的主导因素。据各地滩地造林的成功经验，水淹时间在3个月以内，淹水深度在3米以下，使用杨树大苗造林，不影响林木成活，但生长受到影响；水淹在2个月以内，水深在2米左右，对杨树生长稍有影响，水淹在45天以内，水深在1.5米以下，对杨树生长不仅没有影响，反面有利。汛期淹水在一定限度内，对杨树的胸径、树高生长与淹水深度和持续时间长短呈负相关。池杉造林在水淹2个月以内，水深2米以下情况下，可以正常生长。沿江滩地，光、热、水资源充足，冲积土深厚肥沃，有机质丰富，对林木速生丰产有利。据安徽省沿江滩地杨树、池杉造林的调查资料证明：贵池扁担洲杨树造林，4年生平均生长量，胸径6厘米，树高4.2米；宿松龙湖圩1985年池杉造林307.5公顷，当年成活率93.5%，5年生平均胸径6.2厘米，树高4.7米。

滩地造林是抑螺防病的生物学措施，效果显著，也是综合治理、开发滩地的新模式，实行高投入，快产出，定向培育，集约经营的商品化和基地化生产，给林业发展开辟一个新途径。抑螺防病造林设计的原则是：以抑螺防病为中心，以植树造林改善滩地生态环境为手段。做到：①坚持综合治理，把整地清杂，开沟修路，植树造林和间种农作物相互配合，综合改造环境，要达到"路路相连，沟沟相通，林地平整，雨停地干"的效果。②突出灭螺与生产相结合的原则，实行间种，集约经营，造林后种植冬季作物，如小麦、油菜、蚕豆等，保证午季收获。这样可以以短养长，以耕代抚，翻耕林地，清理沟路，造成一个不利于钉螺孳生和滞留的环境。③在滩地治理开发中，要因地制宜，宜林则林，宜农则农，宜渔则渔，宜副则副，把林、农、渔、副各项生产措施与灭螺防病结合起来。④坚持适地适树原则，合理选择滩地造林树种，江滩、洲滩以杨树、杂交柳为主，湖滩以柳树、池杉为主。并提倡多树种混交造林，特别在沟、套有较大水面边围，营造有抑制钉螺孳生作用的枫杨、乌桕等树种。⑤遵循积极稳妥的原则，既考虑灭螺防病工作的需要，又要注意具体环境条件的限制，在调查分析的基础上慎重合理地利用滩地水土等自然资源，选择优良速生造林树种，以保证滩地造林的成功和综合治理的成效。⑥沿江滩地造林要有得防洪、泄洪的需要，改变单一营造用材林的造林方式，采用宽行距窄株距的配置，如杨树株行距为 3 米 ×10 米，3 米 ×12 米，有利于行间间种农作物和定向培育大径材。同时要注意栽植行向要与水流方向一致，以便于行洪。

（三）造林设计的内容及小区规划

抑螺防病林的造林设计是一项复杂的生物系统工程，涉及多行业、多部门。在造林前应该进行充分的调查研究，提出切实可行的设计方案，经主管部门或单位审批后才能实施。具体设计内容：包括造林技术和工程设计，造林小班划分，机耕整地，排水沟渠、道路网及涵闸布局的规划设计，造林树种、苗木规格的确定，林农间作和多种经营模式设计，以及费用估算等方面内容。

滩地上营建的抑螺防病林，水情变化大，土壤条件也不尽相同。因此，滩地造林，其主导因子是地面高程和地下水位，以及土壤质地，造林地区划可根据高程来划分小区进行编号。滩地造林设计要在充分调查分析地面高程、以及土壤质地等影响因素的基础上进行。

小区规划的方法一般是：在适宜于造林的试验区，60 米 ×60 米的方块面积为一个小区，一个小区多为 5~6 种植行，通过沟路设置，小区规划在主路两边，两条相邻副路之间设计，相邻两副路之间为四个小区，相邻两个小区间隔 2 米。通常主路宽 12 米，两边设水沟（上口宽 2 米，下底宽 1 米，深 1 米）；副路设置采取与主路垂直方向，副路宽 8 米，边沟规格与主路边沟相同。每隔 2 个小区再高置一条宽 4 米的小路，经过以上区划设计后，使整个造林区路路相连，沟沟相通。安徽省安庆地区新洲乡滩地造林区划具体见表 4-1。

表 4-1　新洲乡小沙包各高程试验小区区划情况表

高程（米）	小区编号											总计小区数
13.5	1—01	1—02	1—03	1—04	1—05	2—01						6
12.5	1—05	2—05										2
12.0	1—03 1—04 5—01 5—02 6—06 6—07 6—08 6—11 6—12 6—13 6—14 6—15 6—16 6—17 7—13 7—14 006—08 006—09（1.5）											11.5
11.5	2—02 2—03 2—04 3—01 4—01 4—02 4—03 4—04 5—03 5—04 2—06 2—07 2—08 3—05 3—06 3—07 3—08 4—05 4—06 4—07 4—08 5—05 5—06 2—10 2—11 3—09 3—10 3—12 4—09 4—10 4—11 4—12 5—07 5—08 2—16 3—15 4—14 4—15 4—16 6—09 7—09 4—16 4—17 4—18 4—19 4—20 002.01 003.02 003.03 0005.04 0005.06（8）											56

（续）

高程（米）	小区编号										总计小区数
11.0	1—06	1—07	3—02	3—03	3—04	1—13	1—14	1—15	2—09	1—18	1—19	19
	1—20	2—13	2—15	3—13	3—14	4—17	5—10	3—16			
10.5	1—11	1—12	1—16	1—17	2—14	6—01	6—02	6—03	6—04	6—05	7—01	74.5
	7—02	7—03	8—04	9—01	9—02	9—03	9—05	9—06	9—07	9—08	9—09	
	9—10	9—11	9—12	9—13	9—14	9—15	9—16	9—17	9—18	9—19	9—20	
	10—02	10—01	10—03	10—04	10—05	10—06	10—07	8—09	8—10	8—11		
	8—12	8—13	8—14	8—15	8—16							
	008—10	008.11	008.14	008.15	008.16	008.16	008.17	008.18	（13）			
10.0	7—04	8—01	8—02	8—03	8—06	8—07	8—08					7

二、造林技术

（一）造林工程

1. 整地清杂

在杂草丛生的滩地上造林，造林前一年必须进行全面机耕深翻，约深 30~40 厘米，清除芦苇和杂草，为苗木栽培和林木生长，以及间种农作物良好的土壤条件。同时，为了改变钉螺孳生环境，将地表钉螺埋入土层深处，以起到灭螺效果。如果在机耕前，能先把杂草平铺滩地，放火燃烧后，再进行机耕深翻，则灭螺效果更好。机耕还可以结合平整林地，改善土壤结构，清除低洼积水，有利于造林成功和破坏钉螺孳生环境。

在毁芦方面，也可用化学除草剂甘膦，特别是用于地势较低的一些难以机耕的滩地。试验结果，有效浓度为 30% 草甘膦水剂，每公顷 7.5 公斤，加水 900 公斤及洗衣粉 4.5 公斤。最佳使用时间为芦苇开始有双叶展现，高度在 70 厘米左右。喷化学除草剂时，要做到定向、直接和均匀。掌握以上几点，一是较为经济有效，二是便于操作，三是可以不伤害刚栽苗木。草甘膦灭芦有一较大的优点，就是可以当年毁芦造林，当年间种，而机耕毁芦第 2 年才能间种，相比较可以提前一年获得短期效益，同时对灭螺和林木生长也起到良好的影响。但是草甘膦价格较昂贵，30% 水剂每吨 1.9 万元，按目前试验最小有效浓度计算，每公顷要用 7.5 公斤，则除草剂费用为 150 元 / 公顷，在经济发达地区，负担问题可以解决，但在经济落后地区，普遍推广使用，尚待进一步研究。

2. 开沟沥水

开沟沥水是改善低洼地环境的一项重要而有效的工程措施。造林树种选择杨树优良品系耐水湿性强，但在幼林期不能经受长期渍水，否则会引起根腐而抑制生长，甚至造成死亡；所以低洼有螺滩地的造林，必须进行林、路、沟配套工程建设，建立贯穿林地的畅通排水系统，做到"路路相连，沟沟相通"的标准，以降低地表土壤含水率及滩地地下水位，并消除洼地积水。这样，不仅创造了有利于林木和间种农作物生长的立地条件，而且也形成了不利于钉螺孳生的生态环境。另外，还可以把钉螺分布由滩面压缩到沟线，集中到沟内，更有利于集中消灭。

3. 治套工程

滩地造林要因地制宜，建立林、农、渔复合生态系统，对于水淹时间超过 3 个月，滩面高程与常年最高水位相差 4 米以上的滩地，一般不作造林地用，而改成水面，进行水产养殖。目前，已治理的滩套有以下三种形式（以安庆地区红星乡及新洲乡的江滩、洲滩治套工程为例）。

（1）红星江滩沿堤长套。该沿堤长套利用原两条大堤和一条主路，新建一条低圩和一个闸门，形成了近 166.6 公顷的可控区域，其中林地 113.3 公顷（间种 100 公顷），套为 53.3 公顷。

该套治理的投资为土方 6.9 万元，控制闸 2.3 万元，总额为 9.2 万元。治套后收益：①鱼类 1.5 万元／年。②5 年间种农作物（其中有一年可能被水淹），这样每 5 年中有一年获得的间种收益是建圩所起的作用，1993 年调查，每公顷间种收益为 1377.6 万元，建圩所获的间种收益为 2.7 万元／年。③圩上栽植水杉，年收可达 0.1 万元，总收益 4.3 万元／年，若按 20 年计算，收益 86 万元，净收约 76.8 万元，具有明显的经济效益。

（2）新洲洲滩池塘型洼地——大沙包四号套。该套在林地中间，地势低洼，有一定的积水，采取四周筑圩，近江处建闸，形成 6.7 公顷可控水面。投资土方 6 万元，闸门 2 万元，计 8 万元。治套后收益为鱼类 0.45 万元，灭螺经费节约 0.45 万元，圩上池杉 0.1 万元，计 1 万元，若按 20 年计算，收益 20 万元，净收入 12 万元，同时可彻底灭螺，取得较好的经济效益和生态效益。

（3）新洲洲滩"V"型地沙包套。该套呈长带状，坡度较缓，最低处少许积水。采取了中间低处深挖，抬高两边的方法，近江端建闸，形成可利用的水面 2 公顷，林地 2 公顷。投资为土方 8 万元，闸门 2 万元，计 10 万元，另苗木、种子费 0.06 万元。治套后收益为鱼类 0.2 万元，林木 1.3 万元，间种 0.27 万元，灭螺经费节约 0.25 万元，总额为 2.02 万元，若按 20 年计算，总收益 40.4 万元，净收益为 30 多万元。

此类治理，不仅取得了可观的经济效益，同时，也彻底改变了钉螺孳生环境，生态效益和社会效益也十分显著。

（二）造林技术

1. 造林地的选择

滩地造林与一般造林一样，都需要因地制宜，合理布局。在低洼积水处，1 年有 4 个月以上淹水时间的地方，一般不作造林地用，而是改造成水面，发展水产养殖业。滩地造林具有其选定的条件：①造林地区是螺情较严重，代表性较强的滩地。②滩面冬陆夏水，与常年最高水位之差不超过 3 米，水淹时间不超过 4 个月的滩地。③为便于机耕整地，集约经营，造林应具有一定面积且集中成片，交通方便。④造林对长江水利特别是行洪泄洪方面不会产生不利影响的滩面。

综上所述，滩地造林地的选择，是保证造林成功的主要因素之一。长江中下游沿江和湖区的大面积有螺滩地，是林业长期以来未曾涉足之地，这里发展林业生产具有较大的风险，林地选择不当，树种选择不当，均有导致造林失败的危险。但从沿江滩地螺情严重情况来看，灭螺防病和发展滩地经济，必须采取科学的、有效的治理和开发措施。营造兴林抑螺林，作了史无前例的尝试，其成功的关键是根据滩面高程上与土壤质地两个主导因子来选择适宜的造林地和造林树种。通过试验实践证明，目前的滩地造林地选择，总体上较为成功。

2. 造林树种的选择

根据长江中下游沿江"三滩"的立地条件特点，海拔高程低，水位变化大，冬陆夏水，造林树种应具有耐水湿性强，速生丰产等生长特性，并参考历史上沿江树种的有关调查资料，比较分析后，选择了 72 杨（*Populus ×euramericana cv Ⅰ—72/58*）、63 杨（*P.deltoids cv. Ⅰ—63/51*）、69 杨（*P.deltoids cv. Ⅰ—69/55*）、加龙杨（*P.nigra cv.Blanc de Garonne*）、214 杨（*P. ×euramericana cv. Ⅰ—214*）等杨树优良品系；杂交柳有苏柳 172（*Salix×jiang suensis cv.172*）、苏柳 194（*Salix×jiang suensis cv.194*）等优良无性系苗木；以及池杉、水杉、落羽杉、枫杨、乌桕、桤木、白蜡、重阳木等为滩地主要造林树种。在部分酸性土壤的湖滩地，以选用池杉、柳树、桤木、乌桕、枫杨等树种为宜。为改造沿江滩地造林树种的单一性，在树种规划时，可选择杨树与池杉带状混交，杂交柳与乌桕、枫杨块状混交，在高程较高，且土壤贫瘠的滩地，可考虑在林下种植田菁、蔓豆等绿肥，以提高土壤肥力。总之，滩地造林树种的选择，最好有利于灭螺防病，能改变滩地生态环境，不利于钉螺的孳生。同时，要具有明显的经济效益，林木必须是既能耐水淹，又是速生丰产树种。如杨树优良品种，10 年左右即可生长成材，通过新时代，可取得可观的经济效益。

3. 林农间种

建立复合的林农间种生态系统，较之单一经营林业，更为有利抑螺防病和综合治理开发滩地，可以使原来的生态环境产生一系列的改变。所以，实行林农间种，是兴林抑螺工程的一项关键性措施。在沿江滩地造林，首先要进行机耕深翻，消灭杂草，改善低湿滩地的土壤状况，才能保证造林成功。特别在幼林期要加强抚育管理，在林地间种农作物，进行中耕除草，疏松土壤，可增加林地肥力和通气性，清除萌生芦苇和杂草，更有利于林木的生长。农作物在短期内有经济效益，并可集约经营，以耕代抚，以短养长。据试验统计，间种可使群众获得的短期效益，一般每公顷小麦收 2250 公斤，油菜籽 1695 公斤，大麦略高于小麦，且提前一周收获，提高了群众的积极性。通过林农间种，还可结合平整林地，将土表钉螺埋入土层中去，起到灭螺作用。据安庆红星林场在沿江滩地选用杨树造林，幼林期在林下间种一季越冬作物——油菜、小麦或蚕豆。实践证明，由于林农间种，对作物经常除草、松土、施肥等管理措施，促进了林木的旺盛生长。

实行林农间种对林木生长是有利的。在相同的立地条件下，同龄杨树的单株材积，间种区比未间种对照区提高 1.29 倍（表 4-2）。

表 4-2　间种油菜对杨树生长的影响

标准地号	间种状况	平均胸径（厘米）	平均树高（米）	单株材积（立方米）
010	间种油菜	13.2	9.3	0.0546
011	未间种对照区	9.2	7.4	0.0238

注：林农间种 3 年的数据。

林农间种复合系统，通常采用滩地平田造林，但需注意滩地高程。造林前根据规划，在滩地上设置纵横的水网系统，与外河相通，建立畅通的排水体系，这样降低了滩地的地下水位，消除洼地积水，然后平整土地，熟化土壤，整地造林，造林后林下间种农作物，形成林、农复合经营类型。树种以选择Ⅰ—72杨、Ⅰ—69杨为主。造林密度采用宽行距窄株距栽植法，放大行距（行距宽，株距窄）的配置，一般设计3米×10米或3米×12米；4米×10米或4米×12米的株行距，且行距与水流方向一致。这样配置既能满足杨树的单株生长空间要求，又便于间种，延长间种的年限，间种的农作物种类以一季越冬午季作物为主，如油菜、小麦、蚕豆等，在汛期滩地上水前即可收获。根据安庆市江心洲滩地（面积2000公顷）林农间种试验说明：1982年营造Ⅰ—72杨、Ⅰ—69杨800公顷，1988年最大林木胸径达37厘米以上，树高达17米左右，单株材积0.766立方米，林下间种农作物，经济效益显著。

根据东至县香口林场江外滩池杉造林资料，1976年造林，面积1.33公顷，土壤为潮土，厚度70厘米左右，pH为中性至碱性。水文情况每年汛期淹水1~2个月。采用池杉2年生实生苗，株行距为2米×6米，间种油菜。1993年春标准地调查，林分平均胸径为19.1厘米，平均树高为11.46米，单株材积0.1094立方米，蓄积量273.9立方米/公顷。

林、农、渔复合经营类型。这一开发方式通常采用垛田造林，即在垛面上造林，垛沟内养渔，林下间种农作物，实行林、农、渔相结合。主要工程措施是开沟和筑垛抬田，即在田块中按设计要求开沟，把开沟的土向田块上堆垫，垛面高为50~80厘米，形成一种台田，垛沟规格：①沟宽5米，垛宽10~15米；②沟宽5~10米，垛宽15~20米；③沟宽15~20米，垛宽20~40米；垛田开挖工程中要注意主渠道与外河相通，沟渠相连，形成一纵横交错的水网系统，垛面造林，幼林下间种油菜、小麦、蚕豆等农作物，垛沟设闸养渔，这种复合经营方式，充分利用洲滩土地，可获得较高的生态、经济效益，是兴林灭螺，综合治理开发的一项有效的设计方案。

4. 宽行距窄株距造林

滩地上造林地彩窄株距宽行距，杨树3米×10米或3米×12米；池杉2米×6米或2米×8米，行距与水流方向一致。这一方面根据各树种的生物学特性，满足各树种的营养面积，以求得单位面积上较高的林木生长量；同时便于在林中间种农作物，行距加大，可延长间种年限，而且有利于防洪泄洪，使灭螺效果更加彻底。

5. 大苗壮苗造林

在滩地造林，由于高程较低，汛期水淹时间一般在2~3个月左右，淹水尝试可达2~3米，且淹水多出现在高温6~7月间，因此，在滩地上造林一定要选用大苗壮苗才有利于造林成活，有利于生长，提早成林、成材。如杨树苗高要在4.5米以上，杂交柳、池杉、水杉、枫杨、乌桕等耐水湿树种的苗高都要在3.5米以上，这样造林后才可能于汛期苗木不致被水淹没顶。一般要求在汛期最高水位时，幼林期要有1米以上树冠高出于水面。这样苗木还可进行光合和呼吸作用，保证苗木成活。同时，在造林栽植时，苗木培土要高于滩面40厘米左右，呈馒头形才不致滞留积水，又可提高苗木在滩面高度，减少水淹没顶的危险。植株培土高，不仅可以提高造林成活率，增加抗逆性，而且当年生长量加大，成材快，还有利于培育通直良材。而且培土高，不会因培土下陷，苗木周围呈低洼积水而产生新的保螺小环境。

6. 大穴栽植

选用大苗壮苗造林。植株高大，根幅宽，必须采取大穴深栽。对于带兜造林而言，杨树栽植穴要求为 1 米 ×1 米 ×1 米的规格。但要因地制宜，根据土壤和地下水位适当调整，如土壤疏松穴可小些，地下水位高的地方穴可浅一些等。另外，造林栽植尽量做到随起随栽，运输途中要注意保湿。杨树在造林前，苗木放在流动的水中浸泡数小时，如长途运输，也可浸泡 1~2 个昼夜，以提高造林成活率。栽植方法在 1 立方米的栽植穴内填土，先填 20 厘米厚的表土，然后将苗木放入穴内，扶正标直，再从栽植穴四周向穴内填土，分层踏实，逐步填土与地表齐平，第 2 天再予踏实，并将四周表土培填于苗基周转，堆成馒头形，决不能造成填土下陷而成积水凹宕。有条件的地方，在栽植的同时，分层施上基肥，肥料应与土壤拌匀。

滩地造林一定要深栽。几种优良品种杨树苗木接触土壤就能生根，适当深栽（一般不小于 60 厘米）能加深根系的分布，促进幼树的生长。同时，由于土壤下层温度大，温度高，深栽有利于成活，还可防止风倒，在最适宜的造林地，土壤深厚疏松，可深栽到 80 厘米；地下水位较高之地，栽深应不超过常年地下水位；土壤板结、透气性较差的造林地，可适当浅栽，但一般应不少于 50 厘米。

（三）经营管理措施

滩地造林其成林的关键是管理，所谓"三分造，七分管"，造林后必须加强抚育管理，特别是前 2~3 年，是关系到成林、成材和速生丰产的根本问题。

1. 造林后的管理

（1）耕牛的看管。滩地造林后要加强耕牛的看管，严禁耕牛等牲畜闯入林地，可在林区周围开挖深沟，既防耕牛等牲畜毁坏林木，也利于滩地排水，降低地下水位。

（2）培土扶苗。滩地造林采取大穴栽植，栽后的一年内，常因下雨或汛期洪水浸漫，穴内土壤下陷松软，大风常吹歪苗木，影响正常生长，应及时扶苗，培土加固。

（3）补植。兴林抑螺的滩地呈冬陆夏水的复杂状态，造林后可能发生缺株情况，应及时进行补植，在秋末冬初时，选择 2 年生一级壮苗补植，并施加基肥。

2. 幼林抚育

（1）林农间种。通过林地间种农作物，可以充分利用土地生产力，增加短期收益，以短养长，以耕代抚，促使林木的生长，并提高群众抚育幼林的积极性。同时，因精耕细作，每年要翻耕土壤，起到彻底除杂和埋螺灭螺的效果。实践证明：实施兴林抑螺工程时，把机耕清杂，造林间种，埋螺灭螺等方面有机结合起来，才能取得更好的效果。滩地造林，光造林不清杂不间种不能达到彻底的灭螺目的。

（2）改善林地生态环境。造林后，特别是幼林期，林木与杂草、芦苇（萌生的）竞争力弱，又要求有良好的土壤通透性，因此，在造林后的前 2~3 年，林木未郁闭前，要加强松土除草工作，提高土壤通透性，增加肥力，才能保证林木正常生长。尤其是芦苇萌生性很强，单靠一次整地毁芦是不彻底的，必须反复进行多年，才能奏效。

（3）清沟排涝。滩地造林虽然选用耐水湿性能强的杨树、杂交柳、池杉等，但也不宜长期处于明涝暗渍的环境下，其根系由于长时间在水浸的土层中会变色腐烂，严重影响生长，甚至死亡。因此在沿江滩地经常进行林地的清沟排涝，降低地下水位，对林木良好生长十分重要。特别暴雨或汛期洪水泛滥后，要抓紧清沟，及时排除林地内的积水，一方面可减轻土壤渍水的危害，另一方面也是灭螺的需要，以创造不利于钉螺孳生的环境。

（4）整形、修枝。合理修枝，调整树冠，是促进林木，特别是速生杨树生长，定向培育通直良材，以及有利林农间种的一项重要技术措施。根据杨树优良品种的特性，其修枝方面应掌握开始进行修枝的年龄要迟些，修枝强度要小些的原则。造林后 3 年，除修剪枯死或影响主干生长的竞争枝外，一般不进行修枝。4~5 年生时要进行修枝，使树冠长度占树高的 2/3，6~7 年生时进行第 2 次修枝，使树冠占树高的 1/2；8~9 年生时进行第 3 次（最后一次）修枝，使树冠占树高的 1/3。按照上述比例进行杨树修枝，能促进其高粗均衡生长。修枝整形时间，以冬季及早春杨树休眠期为好，夏季也可进行。

3. 基建工程规划

基建工程和造林工程要同步进行，主要基建任务有如下项目。

（1）林道建设。林区道路建设是营林生产的需要，也是综合治理开发不可缺少的配套工程。林道规格：宽 4~8 米，平均填高 1 米，可以通行机动车辆，以便林区木材间伐的运输，也便于滩地其他开发项目的进行。

（2）林场场址建设。抑螺防病林要实行专业化生产管理，分别由造林地权属单位或承担施工管理任务的乡村集体建立林场，办场经营，林场经营规模，133.3~666.6 公顷范围。林场建立固定场房，确定固定职工，场房建设应于造林前或与造林同步进行。面积较大的林场，为了便于施工和林地管护，还要增设一定数量的临时工棚。

（3）渠道建设。开挖深沟大渠，排水沥水，降低滩地地下水位，消除洼地积水，是改造环境的重要手段。渠道建设要大小配套，并和林区道路建设相互配合。规划主干渠道宽 2 米，深 2 米；支渠规格宽 1 米，深 1 米。

4. 病虫害防治

病虫是林木生长的一大威胁，沿江滩地杨树造林常因各种病虫为害，影响林木的生长发育，造成较大的经济损失。杨树主要防治对象，蛀干害虫有桑天牛、云斑天牛、光肩天牛；食叶害虫有杨扇舟蛾和分月舟蛾。池杉主要防治对象为大袋蛾。防治方法以生物防治为主，生物防治与药剂防治、人工捕捉相结合的原则。同时加强病虫害的预测预报工作，及时发现，及时防治。

三、典型模式

抑螺防病林是充分利用疫区的光、热、水和土地等自然资源，将林业和农、牧、副、渔业有机结合，建立以林为主的自然—经济—社会复合生态系统，改善生态环境，实现抑螺防病，并获得经济收益。疫区地形、气候、水文等自然条件复杂多样，抑螺防病林的树种、密度及配置等也各不相同，因此，因地制宜构建滩地血防林不同模式，以耕代抚、以养代抚，既能抑螺防病，又有良好经济效益。

滩地血防林模式主要包括林下种植（林粮、林油、林药、林菌、林菜、林花等）和林下养殖（林禽、林渔等）两大类。

1. 林粮模式

林粮模式是在林下行间间作粮食作物，林粮模式不仅以耕代抚，可以抑制钉螺孳生、改良林地土壤、促进林木生长，而且有较好经济收入，达到以短养长、长短结合的目的。

林粮模式适用于造林后 1~3 年林分郁闭度较低时。林木配置宽行窄株，林下粮食作物有小麦、棉花、薯类、豆类等低秆作物，其中豆类作物间作效果最好，具有一定的耐阴性，本身具有根瘤菌，不但能缓解与林木对氮素的竞争，而且可以为林木提供氮素，与林木存在一定程度的优势互补作用。滩地血防林因夏季汛期淹水，因此只能种植冬季作物，不能种植夏季作物如棉花等。常见的林粮模式有杨树—豆类、杨树—小麦等。林粮模式的经济效益较好，据调查，林下经济每年收入 800~1500 元/亩，而且还可每年节约除草等抚育成本 200~300 元/亩，增加林木生长量 8%~10%。

2. 林油模式

林油模式是在林下行间种植油料作物，油料作物大都为浅耕作物，具有固氮根瘤菌，不与林木争肥争水，又能提高土壤肥力。

适宜林下种植的油料作物有大豆、花生、油菜、芝麻、油豆等。林油模式有杨树—油菜、杨树—芝麻等。林油模式与林粮模式一样，适合林分郁闭度较低时，以耕代抚，既有较好经济效益，又能促进林木生长和抑制钉螺孳生。

3. 林药模式

林药模式是在林下种植较为耐阴的药材。林木为药材提供荫蔽条件，以防夏季烈日高温伤害，对于偏阴性植物，可为其提供阴湿环境。药材种植大多采用集约化的精耕细作，有利于翻耕和改良土壤，杀灭钉螺，增加肥力，促进林木生长。合理经营，能使林下种植药材保持较高的产量和质量，年种植收入可达 1000~3000 元/亩，经济效益非常可观。

由于部分药材较耐阴，林药模式的经营年限比林粮和林油模式长。林下种植的药材不仅要求经济效益高，最好还具有较好抑螺效果，如桔梗、白术、夏枯草、瓜蒌、益母草、百合、金银花、芍药、天麻、苍术、板蓝根、山药、半夏、党参等。林药模式有杨树—益母草（造林后 1~3 年）、杨树—百合（林分郁闭后）等。

4. 林菌模式

林菌模式是在林下种植食用菌的立体栽培模式。该模式一般在造林 4~5 年后林分郁闭时进行，充分利用林分郁闭后林下空气湿度大、氧气充足、光照强度低、昼夜温差小、适合食用菌培育的特点。

林菌模式的食用菌有双孢菇、姬菇、平菇、香菇、草菇、鸡腿菇、木耳等。分为三种栽培模式：

（1）林间覆土畦栽。选取林间空地挖成一定长和宽的畦坑，然后再进行播种栽培，适合畦栽的食用菌有平菇、鸡腿菇、姬松茸等。

（2）林间地表地栽。将菌袋放在林间地表让其生长子实体，适合地栽的食用菌有香菇、黑木耳、黄背木耳等。

（3）林间立体栽培。利用林地空间，挂袋出菇出耳，适合立体栽培的食用菌有黑木耳、黄背木耳、猴头菇等。食用菌生产周期从菌棒投放到收获完毕一般不超过3个月，部分品种生长周期更短，因此，经营管理得当，林菌模式的经济效益非常显著，年收入可达5000~10000元/亩。

5. 林菜模式

林菜模式是在林下行间种植蔬菜。根据林间光照程度和各种蔬菜的不同需光特性选择种植不同蔬菜种类和品种，可以发展耐阴蔬菜种植，也可根据林木与蔬菜的生长季节差异选择合适品种。

适宜林下种植的蔬菜有大蒜、青椒、茄类、冬瓜、西瓜、蕨菜、薇菜、黄花菜、马齿苋、山芹菜、南瓜等，滩地因汛期淹水，不宜种植夏季蔬菜。林菜模式有杨树—大蒜、杨树—白菜等。林菜模式与林粮、林油模式一样，以耕代抚，抑制钉螺孳生，促进林木生长，而且经济效益较高，年种植收入可达800~1500元/亩。

6. 林花模式

林花模式是在林下种植耐阴性的花卉和观赏植物。适宜种植的林下观赏植物有石蒜类、百合属、水仙类、萱草、毛地黄、玉簪、孔雀草、地被菊、麦冬、吉祥草、万年青、美人蕉等。林花模式有杨树—石蒜等。因花卉和观赏植物经济价值高，林花模式的经济效益非常高，年种植收入可达2000~3000元/亩。

7. 林禽模式

林禽模式是充分利用林下土地资源发展养殖产业，实现林禽优势互补的复合经营模式，是现代养殖技术与传统散养模式的有机结合。

在郁闭度0.7左右的林下，已不适合林下种植，充分利用林下闲置空间，可饲养鸡鸭鹅等家禽，自然放养、圈养和棚养均可。家禽能消灭林地杂草、害虫和钉螺，粪便可为林木提供有机肥料，利于林木生长，形成科学合理的生态链，同时放养禽类肉质好、无污染、价格高。该模式有杨树—鸡鸭鹅等。林下养鸡鸭鹅，1年可养3轮，如林下养鹅，每亩500只，每年3轮出栏1500只，年纯收入可达12000元/亩。

8. 林渔模式

林渔模式是利用池塘空间，形成水陆空立体生产模式，实行生态种养殖，提高林业、渔业生产经济效益、环境效益的复合经营方式。

一是在滩地开沟作垄，垄面栽树，沟内养鱼或种植水生作物；二是在鱼池四周堤岸布置林带。主要树种有耐水湿的杨树、池杉、水杉、落羽杉等，鱼类有常见的鲫鱼、草鱼等，模式有池杉—鱼—鹅、杨树—鱼等。林渔模式经济效益良好，年收益可达1000~2000元/亩。

第五章　山丘型血吸虫病流行区防治

一、山丘型血吸虫病流行区及钉螺分布情况

中国血吸虫病流行区及钉螺的分布，从地形及流行特点大体上可分为江湖滩地（湖沼型）、水网及山区三种类型，遍及长江流域及其以南 12 个省（区）。以长江中下游的"三滩"地及水网型地区为其严重流行区，占全国有螺面积达 90% 左右。山丘型地区有螺面积约为 17 亿平方米，占全国钉螺总面积约 12%（17 亿 /140 亿），累计病人数为 230 万，约占全国累计病人总数的 22.7%，虽然山丘型地区的钉螺面积和病人累计数在全国占的比例不大，但流行地区的分布最为广泛，除上海市外，几乎其他各省份都有山丘型血吸虫病流行区。其中，四川、云南、福建、广西 4 省（自治区）是以山丘型为主的流行区。据调查资料，全国 348 个县、市中，山丘型流行县、市为 187 个，占总流行县市的 54%（表 5-1）。

表 5-1　中国山丘地区钉螺面积及病人的分布

省（自治区）	山丘地区累计有螺面积（万平方米）	占全国山丘型钉螺面积比（%）	山丘型流行区累积病人数（万）	占山丘型地区病人总数比（%）
浙江	40388.7	22.57	—	—
江西	36678.8	20.50	—	—
安徽	29814.9	16.66	—	—
湖北	12215.4	6.83	82.1	35.70
江苏	6276.6	3.51	—	—
湖南	1303.4	0.72	—	—
广东	568.6	0.32	—	—
四川	25104.7	14.03	98.9	43.00
云南	21257.4	11.88	31.0	13.57
福建	2724.3	1.52	7.6	3.30
广西	2611.6	1.46	10.2	4.43
合计	178944.7	100	229.8	100

从表 5-1 可知，中国山丘地区累计病人数为 230 万，有 64.3% 分布在四川、云南、广西及福建 4 省（自治区），其他 7 省的山丘型流行病病人数占全国山丘型流行区病人总数的 35.70%。

二、山丘型血吸虫病流行区的地理特征

中国山丘型血吸虫病流行区及钉螺分布的一个明显特征是流行区呈孤立、星散的分布，这是由于山脉切割所致。山丘地区的水系往往以山脊为界自成一体，钉螺都沿水系分布，呈互不相接的独立小单元。四川、云南为中国主要的山丘型流行区，是由若干独立的流行区组成，多为低洼盆地，或沿江河水系分布。

根据地形和血吸虫病流行特点，可以把中国山丘地区分为平坝、丘陵、山区三种流行区类型。

（一）平坝地区

平坝地区为群山中大、小不等的盆地，地势较为平坦，沟渠纵横交错，与水网型地区有些近似，但地面的坡度较水网地区为大。水系有明显上下游之分。中国最大的平坝地区为四川省的成都平原，包括 16 个县的范围。但也有的平坝区面积仅几平方公里。就全国而言，平坝地区的海拔高程相差很大，如福建省沿海的丘陵平坝高程不足 1 米；而云南高原平坝高程达 1000 米以上。平坝地区居民生产、生活都在坝区内。

（二）丘陵地区

丘陵地区是介于平坝与山区之间的过渡地带，岗峦连绵不绝，形成丘谷地，或环山围绕的小洼地（畈）。水系均以山岭为界，汇合成常年不断或间歇的水流。浙江、江苏、安徽等省均有大片的丘陵型血吸虫病流行区。居民生产、生活主要在畈地或山脚附近。

（三）山　区

山区地势高峻,山峰重叠,环境复杂。山区的水系通常由山脊或泉眼渗水流出,顺坡而下,汇成山涧溪流，最后流入两山之间的河谷，形成山地河流。由于山洪的冲刷，河谷两岸可行成一块块小谷地。四川、云南、福建、广西、江西等省（自治区）均有为数不等的山区血吸虫病流行区，但海拔高程相差很大，山区的相对高程也不相同。四川、云南两省交界的横断山脉为高原山区，高原山区血吸虫病流行区主要分布在宽阔河谷地带，以一、二级阶地感染率最高，三级以上阶地极少有血吸虫病的流行。

上述 3 种类型流行区在各省分布不尽一致。在防治工作初期，无论病人数量，还是钉螺面积均以平坝地区为多，见表 5-2。

表 5-2　四川、云南、福建 3 省钉螺、血吸虫病人在三种类型地区的分布

流行区类型	钉螺面积构成比（％）			病人构成比（％）	
	四川	云南	福建	四川	云南
平坝	48.2	83.4	65.6	80.0	86.6
山区	40.8	16.6	34.4	16.2	13.4
丘陵	11.0	0	0	3.8	0
合计	100	100	100	100	100

但是，由于坝区防治工作进展较山区为快，山区的病人数及有螺面积占的比重逐渐增大。

据 1989 年全国血吸虫病抽样调查结果，四川省山区有螺面积占的比例已上升至 70.1%。山区居民粪检阳性率（11.64%）亦显著高于坝区（1.35%）。

据四川省南部大凉山区血吸虫病地理分布规律及影响分布因素的调查报告：大凉山区位于四川西南部，横断山脉东缘，山势呈南北走向，北高南低，相对高度差达 1000~2500 米以上。金沙江、雅砻江、安宁河、大渡河等水系深嵌在山地之中，形成高山峡谷，因地势和气候多样，血吸虫病流行独具特点。

大凉山地区有 9 个地县市，99 个乡，271 个村流行血吸虫病，流行区人口占该区总人口的 1/4。其中无病有螺乡占 36.36%，感染率在 10% 以下轻流行区占 23.23%，感染率在 10% 以上中、重流行区占 40.4%。1987 年调查感染率高达 81% 的自然村不在少数，晚期血吸虫病患者为 3.15%。

大凉山区血吸虫病主要分布于东南部的金沙江水系，西北部的大渡河水系无钉螺分布。金沙江水系中有阶地、盆地、山谷坡地（少数）3 种地貌有钉螺分布或血吸虫病的流行，见表 5-3。

表 5-3　大凉山区血吸虫病流行分布之地貌类型

地貌类型	面积（平方公里）	构成比（%）	分布乡数	总人口数	累积病人数	构成比（%）	典型乡感染率（%）	钉螺面积（万平方米）
河谷阶地	419	65.3	36	229185	59038	61.71	27.30	1506.4
盆地	163	25.4	26	133981	23468	24.53	26.80	925.8
山谷坡地	60	9.3	37	147051	13160	13.76	5.75	1287.8
合计	642	100	99	510217	95666	100	—	3720.0

从表 11 可知，河谷阶地为血吸虫病分布重点区段。接近河岸，坡度小于 7° 的一级阶地感染率最高；高于一级阶地 1~15 米，坡度 7°~15° 的二级阶地感染率次之，高于二级阶地 1~15 米，坡度大于 15° 的二级阶地感染率最低，见表 5-4。

表 5-4　大凉山区安宁河河谷阶地血吸虫病感染率变化表

地区	阶地等级	海拔高（米）	血吸虫病感染率（%）
西昌	一级阶地	1480	13.74
西昌	二级阶地	1530	11.31
西昌	三级阶地	1630	1.63
中坝	一级阶地	1430	14.98
中坝	二级阶地	1450	7.90
中坝	三级阶地	1500	5.00

河谷阶地是主要农业生产区域，灌溉系统十分发达。据调查，河谷阶地阳性钉螺有 72.4% 分布于经济作物区渠道内，21.6% 分布于沿山旱地边沟渠，6% 分布于稻田区内沟渠。

大凉山区血吸虫病的分布受山区垂直气候的影响，在平均温度 15℃ 以上河谷有血吸虫病的分布，低于 15℃ 地区无感染病人，亦无阳性钉螺。用凉山彝族自治州气象局多年平均

气温测定公式:

$$t = 244.16 - 5.726 \times 10^{-3}h - 1.204Q - 1.817I$$

式中:t —— 多年平均气温回归值;

h —— 海拔高程;

Q —— 经度;

I —— 纬度。

用此公式可测算出安宁河流域血吸虫病的中、重流行区,轻流行区,无病有螺区的边界温度,发现:中、重流行区年平均最低温度在15.6℃以上,轻流行区最低温度在15℃以上,无病有螺区年平均温度在15℃以下。

同一河谷,温度随高程增减而变化,称为垂直气候变化。凉山州海拔每上升100米,气温下降0.59~1℃。由此测算大凉山各水系海拔高及年平均气温变化与血吸虫病流行程度的关系如图5-1。

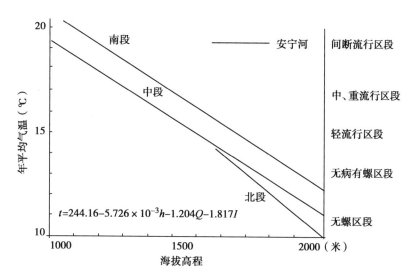

图 5-1 四川大凉山区安宁河海拔高程及年平均气温变化与血吸虫病流行程度的关系

由图5-1说明,可用温度变化公式测算大凉山区血吸虫病各类流行区的大致范围,亦可根据大凉山区垂直气候变化系数,估计各类流行区的海拔高程范围。

三、山丘型地区血吸虫病流行因素及特点

山丘地区钉螺总体呈现典型的小流域特征。钉螺主要沿水系自上而下分布。水系上游钉螺为点状分布,随着水系越向下分布的范围越宽,至坝区发展成扇状或树枝状的分布。由于水系和其他因素的影响,山区钉螺分布比较稳定,有时经过多年,孳生地的范围无明显变化,但螺口数可成倍增长。山区钉螺的生长发育与当地的雨量及气温分布有着密切关系,山地干、湿季分明,干湿季钉螺密度相差很大。四川省西昌山区雨季钉螺密度为干季的39倍,在干季,土层中钉螺约占螺口数的53.88%;在雨季(湿季),土层中钉螺约占螺口数的24.49%(辜学广报告,1990)。据谢法仙(1990)报告,在云南省巍山中和村,雨季土表钉

螺为旱季的 2.2 倍，阳性螺为旱季的 3.2 倍。

山丘区钉螺分布的空间异质性也十分显著。不像湖沼滩地多平坦开阔，山丘区则是地形破碎、地貌复杂、地理单元多样（山、卯、梁、坡、坎、田、埂、路、塘、库、塘、河、沟、渠、住宅等），环境地类的复杂多样，导致山丘区钉螺分布呈现出明显差异。

以四川仁寿县洪峰乡猫儿沟调查结果为例解析钉螺在丘区空间分布特征（表 5-5）：该流域从坡脚每一台地均有钉螺分分布，分布地均为水分相对潮湿地段，均与潮湿环境有关，分布多沿田边、沟内边坡，土边等阴湿地段呈线状分布。蓄水池呈点状分布，即沿边放射线分布，田内、旱地内和林内成片分布数量极少。调查还显示，林木枯落物覆盖可有效减少钉螺数量。猫儿沟各地类、各台位的钉螺的高密度分布可与位于区域内四级台地的干渠和四台地的老冲积黄壤（田）有关。山丘区内这种钉螺分布特征确定了山丘区钉螺防治方针。

表 5-5　丘区钉螺在地形上的垂直分布

生境	坡位	特征描述	筐数	数量
河滩	河床	禾草、连子草，地下水位 13 厘米，水浸状态	3	83
田埂	坡脚	白茅（盖度 95%），（根），紫色土，田埂上，轻黏	1	46
田边	坡脚	外田埂内壁，白茅草，潮湿，光照中等	1	9
田边	坡脚	田里侧，垮塌地，坡积物，泉水流出，湿润，中壤，慈竹遮阴，有物物积累较多	3	321
林缘	坡脚	慈竹，竹叶覆盖，钉螺呈白色	3	5
田边	二台地	田里侧坎边，二台地，光照较弱	1	3
水沟	二台地	屋旁水沟边，冷水花、荩草，潮沟，阴，竹叶较厚	2	19
旱地	二台地	生姜地	1	0
水沟	三台地	旱地内排排洪沟内，扒地茅，轻黏，潮湿	1	106
土边	三台地	旱地内侧，草台，玉米地内侧，坡边、荒芜	2	133
水池	四台地	水泥步道硬化边蓄水池（泥质），两边为旱地，白茅	3	210
土边	四台地	旱地外侧，钉螺距水池上 1 米土边	4	11
干渠	五台地	渠底，坡上部为构树，植被为虎耳草，少量枯落物	5	37
干渠	五台地	渠底，香樟叶覆盖盖度 85%，草本盖度 15%	3	15
林缘	四台地	香樟幼林地内侧，坡边	3	146
水池	坡顶	位于区域最高位置，钉螺沿池边分布	2	16

针对不同土地利用类型，进一步调查发现，在调查的 341 框中，其中钉螺出现框数 131 框，钉螺出现率 34%，共查获钉螺总数为 1256 个，平均密度为 4.71 个 / 框。钉螺出现率最小值为 0，最大值为 1；不考虑调查框数，样地钉螺总数最小为 0，最大为 322 只。钉螺的密度最小值为 0 只 / 框，最大值为 43.3 只 / 框。样地不同，钉螺的出现率不同，钉螺总数不同，钉螺密度也各异。

进行不同土地利用 / 覆盖的钉螺分布特点统计时，把油菜田划为水田，麦田划为旱地，按林地、荒坡、沟渠、旱地、河滩和水田等 6 类进行分类统计。

　　土地利用 / 覆盖不同，钉螺的分布各异，方差分析表明：不同土地利用类型的钉螺分布密度存在极显著差异（F=5.024，df=5，p<0.0001）。由表 5-2 可知，林地钉螺密度为 0.12 只 /0.11 平方米，沟渠钉螺密度为 6.25 只 /0.11 平方米，旱地钉螺密度为 1.29 只 /0.11 平方米，荒坡钉螺密度 5.71 只 /0.11 平方米，河滩地钉螺密度为 3.62 只 /0.11 平方米，水田钉螺密度为 7.32 只 /0.11 平方米。显然，水田、沟渠、荒坡、河滩的钉螺密度明显较高，旱地钉螺密度居中，而林地明显最低。

　　不同土地利用类型之间活螺出现率的差异也达到极显著水平（F=4.416，df=5，p<0.003）。由表 5-6 可知，林地的钉螺出现率为 7%，沟渠的钉螺出现率为 33%，旱地的活螺出现率为 11%，荒坡的活螺出现率为 52%，河滩地钉螺出现率为 52%，水田的活螺出现率为 65%。显然，水田、荒地和河滩的活螺出现率相对较高，沟渠和旱地次之，林地最低。

表 5-6　不同土地利用 / 覆盖的钉螺分布特征

土地利用 / 覆盖类型	调查框数	活螺出现框数	活螺出现率（%）	活螺总数 只	钉螺密度（只 /0.11 平方米）	
					平均值	Std.Dev
林地	86	6	7	10	0.12	0.79
沟渠	12	4	33	75	6.25	15.87
旱地	35	4	11	45	1.29	4.76
河滩	82	43	52	297	3.62	9.53
荒坡	58	30	52	331	5.71	19.32
水田	68	44	65	498	7.32	12.39
总计	341	131	34	1256	4.05	

　　由上可见，仁寿倒江河流域不同土地利用 / 覆盖的钉螺密度和活螺出现率均以林地最低，旱地其次，而水田、河滩、荒坡和沟渠较高。

　　在山区不同地形的流行区中，钉螺分布明显不同。高原平坝地区钉螺主要分布在沟渠，其次是稻田，山区阳性螺的分布与高程有密切关系，钉螺的感染率随高程下降而升高的趋势，见表 5-7。

表 5-7　阳性螺分布与高程的关系

高程（米）	钉螺自然感染率（%）		
	巍山中和村（谢法仙）	炼铁（陈德基）	洱源高落滨（陈德基）
1700~	3.83	1.61	—
1800~	1.25	0.90	7.00
1900~	1.15	0.91	—
2000~	1.01	0.33	0.11
2100~	—	1.83	—
2200~	—	0.15	0.15

山区高程对钉螺自然感染率的影响是通过气温、雨量及社会因素作用的结果。

山区阳性螺分布与居民点的远近有关，这是由粪便污染的情况决定的。有时在距村庄较远地方，如果有污染，仍会有较高的钉螺感染率，见表5-8。

表5-8 感染性螺分布与距居民点远近之关系（陈德基，1989）

距离（米）	检查螺数	阳性螺数	%	阳性螺密度（只/框）
~50	395	28	7.09	0.0320
51~	710	15	2.11	0.0092
101~	445	8	1.80	0.0078
151~	1493	1	0.07	0.0003
201~	217	2	0.92	0.0040
251~	4257	30	0.70	0.0031
501~	650	5	0.77	0.0034
1000~	925	20	2.16	0.0095

山区血吸虫病传染源的种类多，除人外，还有牛、犬、猪、羊、猫等家畜。从四川、云南两省不同类型流行区血吸虫病感染情况来看，家畜在山区血吸虫病的传播中，起着重要的作用，见表5-9。

表5-9 四川、云南两省不同类型流行区家畜血吸虫病感染情况

家畜		平坝		丘陵		山区		合计	
		粪检头数	阳性率（%）	粪检头数	阳性率（%）	粪检头数	阳性率（%）	粪检头数	阳性率（%）
四川	黄牛	177	1.13	284	1.41	748	44.79	1209	28.21
	水牛	534	0.19	635	3.15	847	16.29	2016	7.89
	猪	931	0	293	0	1797	3.34	3021	1.99
	犬	758	0	885	0.11	674	7.29	2317	2.16
	其他	0	0	5	0	646	12.30	651	11.21
云南	黄牛	624	8.17	—	—	720	9.03	1344	8.63
	水牛	528	1.33	—	—	366	5.19	894	2.91
	猪	769	3.51	—	—	212	0.47	981	2.85
	犬	223	2.24	—	—	22	0	245	2.04
	羊	52	0	—	—	180	0	232	0
	其他	15	13.33	—	—	898	1.34	918	1.53

在云南省中和村，为高原峡谷型流行区，畜口数与人口数之比为1.34∶1，而牛在家畜总数中占45.5%，牛的日排卵量占60.9%，人占32.8%，显然牛在高原峡谷地区是主要传染源，

人次之。而在高原平坝型流行区，如四川省西昌民和及民兴村，人的日排卵量占 87.44%，牛仅占 12.32%。表明人是平坝地区的主要传染源。

四、山丘型地区血吸虫病流行区防治的策略与措施

根据山丘地区地理环境和血吸虫病流行特点，开展防治工作时，要因地制宜，分类指导。灭螺应根据钉螺分布特点，尽量做到自上而下，分片分段，逐条逐块地进行。水系源头、村庄周围及人、畜常到地区的钉螺，危害较大，要作为重点，先行治理。有条件的地区，应尽量结合农田基本建设和治山、治水等生产活动，改变钉螺孳生环境，进行土埋灭螺和环境改造法灭螺。山区灭螺工作难度大，代价高，一定要做好综合治理前的准备工作，强调灭螺效果并坚持下去。

山丘地区血吸虫病防治的具体措施是控制流行与消灭钉螺结合进行。山区阳性螺主要分布在山溪沟渠、池塘、梯田、菜园、山边山脚及盆地洼地，常沿山丘地水系而分布，是对居民构成感染的重点环境，应结合实际情况采取相应措施。

（一）水系沟渠防治措施

在山地流行区居民点附近的沟渠是群众生活用水的地方，也是钉螺孳生场所，易于感染血吸虫病。可以采取改造环境，结合药物防治，来根本消灭钉螺。如进行填旧沟、挖新沟的措施，使沟渠中原有的钉螺，经过填土深埋，不能生存。新挖沟渠只要解决水源的传播问题，就可大大降低居民生活用水的感染率。有些沟渠比较固定，沟壁用石块垒砌，石缝中常有钉螺隐藏孳生，可用水泥封闭石隙，使钉螺无处藏身，也是治理沟渠，控制流行感染的有效措施。

（二）农田治理措施

山丘地区水稻田及梯田是钉螺孳生场所，也是群众生产接触疫水机会较多之处，其治理措施，可结合农田水利基本建设，清除灌溉渠道的传染源，改变钉螺孳生环境，来消灭钉螺。也可以采取轮作制度，在一定期间内，改水稻田为旱作物田，耕翻土地，减少土层含水量，可以达到农田灭螺目的。

（三）营建抑螺防病林

山丘地区地形复杂，水系随着坡度自上而下形成溪流沟渠。血吸虫病流行区钉螺主要沿水系分布，要阻断传播源，只有彻底灭螺，才能根治血吸虫病。所以，沿沟渠、溪流、山泉等水系两旁营造抑螺防病林，选择有化感灭螺功能的树种，抑制钉螺孳生，净化山区水源，这是一项新的生物防治措施。

山丘立地条件较之沿江滩地优越得多，对林木生长更为有利，其树种的选择可以多样化，一般较耐水湿的树种均能沿溪沟生长。为了达到良好的灭螺防病效果，除选择池杉、水杉、落羽杉、枫杨、乌桕等速生耐水湿树种之外，还可选择具有化学灭螺功能的树种，如苦楝、皂荚、漆树、黄连木、无患子、喜树、银杏、香樟、木荷、油茶、厚朴、辛夷、薄壳山核桃、水杨梅等。除了具有抑制钉螺孳生的作用外，同时，这些树种适生于山地上土壤肥厚湿润、排水良好的地方，材质优良，还有药用、食用、油料用等综合经济效益。

五、山丘地区抑螺防病林

在沿江湖滩地及水网型地区，营建抑螺防病林，林、农、副、渔结合的综合生态系统，改善环境条件，抑制钉螺孳生，已取得明显的效果。山丘型地区血吸虫病的流行与钉螺的分布孤立而分散，过去采用化疗和灭螺措施，降低发病，控制流行，也取得一定成果。但由于山丘地区地形复杂，水系沟渠纵横广泛，化疗药物防治或局部工程措施很难全面而彻底抑螺防病。如在山地流行区沿水系营造抑螺防病林带，种植药用灭螺植物，抑制钉螺孳生，净化水源，阻断传播，这是一项根本有效的全面持久灭螺防病新措施。

（一）平坝地区（盆地、洼地）

山丘地血吸虫病流行的特点，有地理地形因素，因此，抑螺防病林的营造，树种的选择要因地制宜。在四面环山的盆地或低湿平原，沟渠交错，适于钉螺的孳生。这里可成片造林，以改变低湿环境，降低地下水位，从生态方面来创造不利钉螺孳生条件。钉螺的生存和繁衍一般在地下水位 30 厘米左右最为适宜，盆地及低洼地排水不良，地下水位高，有利于钉螺孳生。营造抑螺林后，随着林木的生长，蒸腾作用的增强，改善林地土壤结构，地下水位越来越低，这样就可越来越不利于钉螺的生存，达到生态治虫的目的。

平坝地区抑螺林树种的选择，要考虑到耐水湿的性能，可选用湿地松、池杉、水杉、枫杨、重阳木、白蜡树、桤木、薄壳山核桃、河柳、榔榆等树种，林木可间植水杨梅、醉鱼草、马钱、杞柳等灌木，以及石蒜、鸢尾、地肤、紫云英、泽漆、乌头、白苏等药用地被植物，以及改良土壤结构，降低地下水位，治理和改善平坝区盆地洼地生态环境，起到抑制和毒杀钉螺的作用。同时，兼顾到林木和间种药用植物的经济效益。把山区治理的生态效益、社会效益与经济效益结合起来。

盆谷地、低洼地抑螺林的营造，除适地适树、正确选择造林树种以外，还要根据立地条件特点，采用合理的造林技术措施，针对谷地、洼地，地下水位较高，土壤潮湿的情况，在造林前，先要开沟沥水，耕翻林地，改变土壤黏湿性，然后根据树种生长特性，确定株行距（行向应与山坡等高线一致），挖穴栽植。树苗最好选用健壮的大苗（2~3 年生），才利于成活，及早造林，发挥林木改善立地条件的功能。由于林木的生长，整地抚育，适当间种经济植物或药用植物，盆谷洼地土壤结构及水湿情况得到改善，林地种植灭螺治虫的药用植物，这样就不利于钉螺的孳生，达到灭螺防病的效果。

（二）丘陵地区（溪流沟渠）

在丘陵地区溪流沟渠、河道水系两旁，适于钉螺迁移及孳生的地方，可营造以生物防治为主的抑螺林，就是利用树木或植物的药用化学成分，起到抑制钉螺繁衍或杀灭钉螺及尾蚴，从而降低其危害到最小程度的效果。

溪沟、河道两旁抑螺林的营造，以带状造林为主。树种的选择，除考虑耐水湿性能外，主要是具有化学灭螺作用的树种或草本植物，如溪边见习生长的枫杨、乌桕，实践证明有抑制或毒杀钉螺的作用。此外，还可选用苦楝、黄连木、无患子、漆树、喜树、皂荚、桑树、木荷、马钱、醉鱼草等树种。林下、溪边种植羊踯躅（闹羊花）、虎杖、土荆芥、毛茛、乌头、射干、泽漆、白苏、藜芦等地被植物，这样可有效毒杀沿溪沟移动、孳生的钉螺。从而达到灭螺防病的目的。

山丘地溪流、河谷、山泉等水系两旁带状造林，可充分利用水土资源，其立地条件，土壤湿润而较深厚肥沃，排水良好，无积水之虞，适宜于多种树木的生长。沿水系带状造林，可以多行栽植，视溪流两侧地形及空地宽窄而定，株行距根据树种冠幅大小而定。用多树种混交造林，近水边的比较耐水湿、落叶性树种为主。具有药用化学灭螺功能的树种，其落叶掉入溪中，药用成分溶解到水中，有抑制或毒杀钉螺及尾蚴作用。同时溪流营林有利于水土保持，山丘自然环境的保护，改善水文状况及山洪为灾。山丘溪流的综合治理，林业是根本措施，可以永久发挥效益。溪流两旁林带的营建，不仅采用生物防治办法，达到灭螺防病效果。对山下平原溪流河道，也起到净化作用。延绵不断的防护林带，乔灌草结合，还可提供大量优良木材和药材等副产品，兼有生态效益、经济效益和社会效益。

（三）山边山脚

山丘地的山边、山脚，与农田相连，也是山泉溪水汇集之处，多有钉螺的分布。同时，山边、山脚土壤深厚、湿润，立地条件优越，是营造用材林、经济林比较理想的地段。通过营林措施，采用适当的树种和地被植物，可以有效地净化溪水河流，抑制钉螺孳生，达到灭螺防病效果。山田交接处有森林的防护，保持水土，防止山洪冲刷，也有利于农业生产。

山边、山脚灭螺林树种的选择，可用银杏、檫树、香樟、杉木、柳杉、薄壳山核桃、枫杨、油茶、茶树、木荷、辛夷等优良用材及经济树种。造林可成片栽植，从栽植点逐步扩大，清除林地杂草灌木，大穴深栽，选用健壮大苗，保证林木成活率。林下可间种玉米、花生、蚕豆、芝麻等农作物，也可种植射干、乌头、菖蒲、天南星、石蒜、羊蹄等药用植物，以增加农副效益，提高灭螺防病效果。

（四）山区水系源头

在源头上方或水库上坡的山丘地，可营造大片水土保持林、用材林及经济林，起着保土、保水、防洪、净化水系及灭螺防病作用。陡坡造林，植树种药，还可优化山丘的生态环境，增加山地经济效益。

山丘源头上方造林，根据地形地貌、坡度大小、土壤深浅等立地条件，适地适树来选择树种。海拔较高，陡坡上浅处，选用松、柏、栎类树种造林，以保持水土、防止山洪冲刷；海拔较低、坡缓土厚处，可选用银杏、鹅掌楸、木荷、杉木、香樟、桉树、油茶等树种。细致整地后，挖穴栽植，及时抚育和封禁，形成茂密的森林植被，就能发挥它的生态效益和经济效益。

山丘地森林的水文效应十分明显，它能防止土壤的侵蚀冲刷，使地表径流成为持续的有效水，提高蓄水功能，无雨细水长流，有雨不致洪水急流。保证山地水系及水库维持较稳定水量。

在山丘地区居民集中的村落乡镇，群众生活用水多取之于村旁沟渠溪流，这里的水边不便于植树造林。为防止钉螺尾蚴对溪水的感染危害，可采取工程措施，沿溪沟用水泥驳岸，使水边无隙可以隐藏钉螺。工程措施费用较高，但在血吸虫病流行区，为了人民健康，在村镇溪流沟渠边采用这样的方法，其社会效益很大，对防止血吸虫病的传播感染效果明显，还是可取的。

山丘水系抑螺防病林的营造，符合大环境综合治理方针，也是林业生产的一个重要组成部分，可以充分利用水土资源，为生态效益、经济效益和社会效益服务。要根据地形地貌、坡度大小、土壤质地及理化性质、土层深浅，以及光照、温度、雨量等立地条件，因地制宜，合理规划，采取综合治理措施。

山丘型抑螺防病林的营建目的，虽然以净化水系，杀灭钉螺，防止血吸虫病在山区的感染传播为主。但必须结合山丘地的综合治理和开发利用这个总目标，才能顺利而广泛地在山丘地区开展灭螺防病工作。由于山丘地人口不断增多，森林植被受到人为的采伐利用和开垦种田，覆盖率不断减低，造成山洪冲刷，土地退化，自然生态环境日趋恶劣，从这个意义来讲，水土资源的保护、改良和合理利用，势在必行，也是林业部门日益重视的问题。因此，治山、改土、理水这一综合生态工程与灭螺防病结合起来，有百利而无一弊。

山丘型抑螺防病林，也可称为卫生保健林，是以营林为手段，抑螺为目的，治山、治水、也治病，且具有长期的综合效益。以水系（溪流、河道、沟渠、盆谷洼地、山泉等）为主的抑螺防病林，有其专门的经营目的、技术措施和一定的区域范围，树种植被的选择设计，有其特殊性，耐水湿而又灭螺杀虫的生化作用（如枫杨、乌桕等树种），这是与一般山地造林不同之处，山丘水系造林是与当前所谓山区流域治理有其相似含义，均有保持水土、涵蓄水源、净化水流、防止冲刷的功能。既利用了水土资源，还可结合农、林、牧、副、渔多种经营，加速山丘地生产发展，从而在经济效益上促进灭螺防病林的开发与实施。

山丘型血吸虫病流行区，沿水系营建抑螺林有其一定特殊性，因而在营林技术措施上要合理规划设计，以水系为单元，配合水土保护，环境治理，建立多效益的生态林业。首先，林种树种的规划，需采用具有灭螺作用的药用植物、优良用材树种及经济树种，充分发挥山丘地水系两侧地区土壤湿润，肥力较高的水土资源，提高林业生产综合效益。山丘地区在中国长江流域以南面积十分广泛，地形复杂，气候、地质、土壤、地形、生物等生态因子变化也大。因此，山丘地营林措施，必须根据立地条件具体情况，合理安排林种树种。

山丘型血吸虫病流行区及钉螺分布区主要在长江流域以南的中亚热带及南亚热带地区。

（1）中亚热带地区：包括广东、广西北部、福建中北部、浙江、江西、四川盆地、湖南、湖北、安徽南部、江苏南部、云贵高原、台湾北部。即从长江流域以南至南岭山脉以北之间的广大山地丘陵及高原盆地。这一带年平均气温 16~21℃，为常绿阔叶林分布区。杉木、香樟、槠、栲为主要造林树种。果树除板栗、柿树、核桃等落叶果树外，主产亚热带常绿果树如柑橘类（广柑、柚子、红橘等）、杨梅、枇杷等可普遍栽培。四川盆地及本带偏南地区还可种植甘蔗、龙眼、荔枝、芭蕉等经济植物。

（2）南亚热带地区：包括广东南部、广西中南部、云南中南部、福建东南部、台湾中南部，即珠江流域，南岭山脉以南地区。这一带年平均气温 20~22℃，为季风常绿阔叶林分布区。主要造林树种除杉木、南亚松、云南松、水松、桉树、榕树外，果树有番木瓜、菠萝、杧果、龙眼、荔枝、橄榄等可普遍栽培。经济作物有八角茴香、橡胶、肉桂、咖啡等。

六、山丘地区抑螺防病林树种选择

山丘地区立地条件复杂，应根据环境因子来安排适宜的造林树种。

（一）光照因子

1. 喜光树种

松类、水杉、池杉、杨树、银杏、板栗、苦楝、栎类、漆树、黄连木、无患子、白蜡树、乌桕、桉树等。

2. 中性树种

杉木、柳杉、柏木、榔榆、七叶树、五角枫、枫杨、香樟、木荷、核桃、厚朴、槐树。

3. 耐阴性树种

香榧、红豆树、紫楠、珊瑚树、槠栲类。

（二）水分因子

耐湿树种：湿地松、水松、水杉、池杉、柳类、杨类、枫杨、苦楝、乌桕、重阳木、白蜡树、水杨梅、杞柳、喜树、桑树、丝棉木、薄壳山核桃、桉树、辛夷、榔榆、皂荚、桤木、赤杨、水竹。

（三）土壤因子

1. 酸性土

湿地松、云南松、香榧、杉木、池杉、油茶、茶树、杜鹃、樟树、檫树、杨梅、柑橘、棕榈。

2. 钙质土

榉树、黄檀、黄连木、五角枫、刺楸、朴树、榆树、臭椿、栾树、雪柳、白蜡树、青檀。

3. 中性土

麻栎、山槐、槐树、乌桕、白蜡树、旱柳、无患子、黄连木、重阳木、七叶树、枣树。

4. 瘠薄土壤

黑松、侧柏、铅笔柏、黄檀、臭椿、棠梨、化香、黄连木、枣树、皂荚、三角枫、白蜡树、朴树。

七、主要造林类型

山丘地抑螺防病林主要沿水系造林，再根据立地条件类型来确定树种组成和林分结构。

（一）源头水源涵养林

山丘地水源上方一般海拔较高，坡度较陡，多岩石露头，土壤较瘠薄。从山地环境治理来讲，应营造水源涵养林或水土保持林，减少泥石流及山洪冲刷的危害。营林措施，在造林地应清除杂灌，沿等高线进行挖穴整地，株行距视树种而定，最好乔灌草结合，营造混交林。

1. 松、栎混交林

长江流域以南中亚热带地区，可选用马尾松、湿地松与麻栎、栓皮栎混交，高海拔（700米以上）可用黄山松，云贵高原可用云南松。

2. 杉木、木荷林

在海拔 1000 米以下，土壤肥厚处可选用杉木、木荷为主要造林树种，幼林期林下可间植油茶、油桐。

3. 樟树、楠木林

南方低山地区水系或水库上方，坡缓土厚处，可选用香樟、红楠、紫楠等樟科树种进行造林。

（二）溪流、沟渠、河道两侧防护林带

水系两侧，土壤湿润，排水良好，是山丘地钉螺易于孳生的地方。抑螺林的营造，应傍溪带状造林，树种的配置以具有杀灭或抑制钉螺作用，且耐水湿，有保持水土、净化水流作用的树种。

1. 枫杨、乌桕林

根据试验实践证明，枫杨、乌桕的树液浸泡液，配成一定浓度，有杀螺及抑制钉螺卵孵化的作用。同时这两个树种都是山丘地溪沟边最适生树种，生长良好，木材优良，桕籽油为工业原料，具有多种效益。

2. 黄连木、无患子林

据资料报道及化学分析，黄连木（漆树科）、无患子（无患子科）两树种的树叶及果实含有灭钉螺及螺卵的化学成分，是江南山地溪边常见树种。适于溪沟水系两侧造林，具有木材利用、种子榨油、药用、环保等多种效益。

3. 薄壳山核桃、皂荚林

这两个树种均较耐水湿，为高大乔木，材质优良，山核桃果可食用，皂荚的荚果可药用、洗涤用，均有杀螺作用，是水边造林的理想树种。

4. 漆树、苦楝林

为经济用材树种，树叶、果实化学成分有灭虫杀螺功效。漆树还可割漆，为重要化工原料，均适宜在山地溪边生长。

5. 水杉、池杉林

这两种速生耐水湿树种，最适于在山丘溪边生长，树干通直而高大，是重要用材林树种。这两杉树冠不大，增加株行距，可间种玉米、豆类、花生等农作物。也可间种野菊、益母草、射干、乌头等药用植物，起到灭螺作用。

（三）盆谷、洼地生态改良林

山丘盆谷地及低湿洼地，也是钉螺易于孳生环境。有效的治理办法是采用生物工程成片造林，改良土壤，降低地下水位，改善生态环境，达到灭螺目的。

1. 杨树优良品种林

杨树生长快，耐水湿，适应低湿环境能力强。成片造林，通过开沟沥水、间种作物、抚育管理等措施，可有效地降低地下水位，清除杂草灌木，创造不利于钉螺孳生环境。收到综合的治理环境效益。

2. 薄壳山核桃、桤木林

两个树种耐水性能好，生长迅速，是非常理想的改良盆洼地树种。兼有用材、果用、环保等效益。

3. 河柳、旱柳林

柳类树种最适生于低湿地，具有环保、用材、纤维用等用途。

4. 重阳木、白蜡树林

材质优良，生长迅速，耐水湿，为盆谷洼地适生树种。具有改良环境和材用、药用、纤维用等综合效益。

（四）山边、山脚经济用材林

山边、山脚土层深厚湿润，与农田常常接壤，也为钉螺分布场所。这里营林以用材林、经济林、果木林为主。可以起到保持水土、涵蓄水源、保护农田的作用。

1. 杉木、湿地松林

以喜肥耐湿用材林为主，林下配植油茶、茶树以及野菊、乌头、毛茛、黄花菜等地被植物，既有木材、油料、药物的经济效益，又可灭螺防病，有利农田生产。

2. 银杏、檫树、香樟林

为用材、经济兼顾混交林，木材优良，有白果、樟油收益，还有美化环境、改善土壤、保持水土多种效益。林下可间种玉米、豆类、花生等经济作物。

3. 柿树、柑橘林

南方山丘下部可经营果树林，增加山区群众经济收益。

山区地区抑螺防病林的营建，应与山区大环境完善的生态体系相结合，还应与发展的经济体系相结合。在树种的选择上不同于一般的用材林或经济林，要创造一个稳定的、多功能的生态环境，选择有开发价值的树种与植被，提高山区生产效益、生态效益和社会效益，树立大林业的思想，这样抑螺防病林的建设就可与山区群众的根本利益密切结合起来。血防工作的耗资型状况将得到改进，效益型的血防之路将越来越宽阔，前途充满无限希望。

八、山丘区优化模式分析

疫区经济林建设在单一农业产业结构调整、林地利用与保护，以及水土流失控制上发挥了巨大的作用，并对血吸虫病流行控制与钉螺孳生生境改造发挥了积极作用，是林业血防体系建设产业替代的方式。站在产业立场上，探讨抑螺防病林建设与维持管理问题是科学的；并用高效的生态产业来节约土地，用生态产业的观点看待抑螺防病体系建设，符合"生态建设产业化"的思路；在区域科学发展战略优化开发格局基础上，通过社会统筹来反哺生态保护，也是符合"生态建设、保护社会"的科学发展观理论，疫区抑螺防病系统维持与管理离不开经济林建设与产业化模式以及包容性增长本身赋予的生态补偿机制。

（一）竹—渔—乡村旅游发展模式

该模式建立在仁寿大桦村，2003 年该村部分实现退耕还林，并引种栽植笋用麻竹，4 年后，该部分竹子生长良好，发笋数量多，个头大，这种成功的现实诱发努力栽植麻竹的重要，在国家林业血防工程项目的扶持下，笋用麻竹在该乡大量发展，该乡位于 213 国道边，距县城仅 7 公里。竹林成林后，该区域景观有了较大改变，为改变钉螺适生环境和发展地方经济，该乡镇对下湿田进行改造，引进业主，开挖鱼塘，发展渔业。据调查，该区域钉螺数量大幅度下降。随着经济的发展和环境的改善，当地政府已开始着手打造乡村旅游之乡。

据调查，麻竹目前对当地经济、生活方式的改变是巨大的，其主要特点是坡地全部造林，下湿区域改造为渔塘，道路及村庄结合新农村建设，发展乡村旅游业。仁寿县大铧红塔村采用了该治理模式，山上栽植优良笋材两用的麻竹，下湿田全部改成渔塘。目前其竹子已成为该区域的主要经济来源。麻竹又称大叶乌竹，单笋重量可达 5 公斤以上，成年竹直径可达 20~25 厘米，竹高可达 25 米。麻竹前两年生长较慢，从第三年开始进入迅速生长期，产笋量和竹竿直径迅速提高。它既是一种经济植物，又是一种绿化河滩荒山，防止水土流失的理想植物。麻竹在江河两岸、荒滩、荒坡、房前屋后、田边地角等均能良好生长，栽植后第四年进入丰产期，其鲜笋亩产达 20000~3000 公斤，目前竹笋产值达 6000 元以上；竹材主要作纸浆材，其竹材产值在 600~1000 元，目前该镇正在积极引进企业，对竹材进行高附加值加工，一方面将加速麻竹栽植区的放大，同时也提高了其产值，由于麻竹叶和笋壳较大，目前该疫区已将其加工成食品包装盒，亩产值达 1 万元以上，其销售均有商业队伍进行收购，当地老百姓已从传统生产者（农民）转变为土地的管理者，经济收入的增加使当地群众有了更高的发展要求，目前正在着手乡村旅游开发，可以说血防工程促进了疫区的经济、精神面貌的根本转变。该模式以退耕还竹为主，将易生长钉螺的农田变成产值更高的鱼塘，极大的压缩了钉螺适生环境，使钉螺生境破碎化，农业耕作的减少也降低了人畜感染血吸虫的机率，该模式很好的解决了环境抑螺与产业发展的问题，但该模式还有待完善，特别是道路和沟渠抑螺林与景观美化的问题。

（二）花椒产业发展模式

该模式由仁寿县方家镇疫区建立。花椒 *Zanthoxylum bungeanum* 为芸香科花椒属灌木，是一种传统的调料经济作物，特别是在成渝地区有极大的市场空间，花椒在我国北部至西南，我国华北、华中、华南均有分布。该镇将土体集中进行农村产业结构调配调整，将土地集中，交由业主承包经营，国家利用林业血防及其他农业工程给予扶持，并成立花椒协会，负责技术培训与指导、重点组织市场消售，保证了产品的畅销。花椒栽植第二年开始挂果，第四年达到丰产，据实地调查：花椒栽植密度有 3 米 ×2 米，3 米 ×3 米，4 米 ×3 米，单株产量最高可达 30 公斤，鲜椒产量在 1000~2000 公斤，按目前市场价 12 元 / 公斤计算，其产值 1 万元以上，目前以幺麻子食品公司为主的企业进入该镇建立种植园和加工厂，促进了花椒产业的大发展，目前该疫区已发展 9000 多亩，并呈快速放大趋势，该区农户在花椒第一二年时间种药材，如沙参、半夏等，以耕代抚，提高了土地利用率和产值，降低了前期投资成，为了减少投资成本，减少化肥施用量、并确保花椒产品生态安全，多数业主利用花椒林下发展养殖业、为花椒提供农家肥，同时也解决了农家肥的环境污染问题。该疫区在促进经济发展的同时，彻底改变钉螺的适生生境，其抑螺机理是：花椒不耐水，因此在管理上要求开沟排水，改变了钉螺的适生生境，达到了环境控螺的目标，同时花椒枝叶、果均有强烈的刺激味，对钉螺有驱螺和杀螺作用。

（三）竹业发展模式

该模式在四川疫区发展较普遍，面积也较大，比较成片集中的有眉山东坡区，以产量较高的杂交竹为主，多数为业主承包经营，国家的林业血防工程给与一定扶持，经营产品主要以竹材为主，产量在 2~3 吨，产值在 1000 元左右，因面积大，林下可养生态鸡；芦山县血防林主要四川本地慈竹为主，产量较杂交竹低一些，但因竹材纤维较好，单价略高于杂交竹，因为乡土竹种，耐寒和抗冻能力较杂交竹、麻竹强，风险要低一些，但芦山主要以各家各户为主，经营管理不及业主经营好，产量不稳定；浦江县林业血防工程以发展笋用雷竹为主，目前全县已发展 7000 多亩。雷竹是一种优良的笋用竹种，具有八大优势：①出笋早。在所有的竹笋品种中，雷竹出笋最早，一般在 3 月初，若采用早出技术，春节前就有雷笋出土。②出笋期长。春笋 3 月初至 4 月底出笋，秋笋 10~12 月出笋。③产量高，效益好。雷笋亩产可达 3000 多公斤，亩产值达 1 万多元。④笋味鲜美，营养丰富。雷竹笋含蛋白质 2.74%、脂肪 0.52%、糖 3.54%。⑤连年出笋，产量稳定，个体粗大，壳薄肉肥。⑥成本低，用工少。肥料投资只需 5% 左右，培养管理用工每亩只需 20 个劳动日。⑦周期短，见效快。新造林第 2~3 年就有收入。第 4 年可成林，第 5 年达高产。⑧适应范围广。海拔 2500 米以下的丘陵缓坡均适宜栽培，而且一年种竹，永续利用，该模式因产值高在血防疫区极有推广前景。竹林大多栽于河滩、河岸，成河滩阻螺林带。该模式主要以生态抑螺为主，调查显示，竹林成林后，林下灌草基本被消灭，加之较厚的枯落物层，便钉螺失去了庇护生境，竹林作为抑螺林一般均超过 10 米，形成相对较宽无螺林带，阻断了钉螺迁徙和基因交流，作为河岸抑螺林也成功的阻止了外流域钉螺经河道的输入。

（四）速丰林—养殖产业模式

在疫区以速生工业用材林作为抑螺防病林的主要模式。所选用的树种主要有：巨桉模式，桉树具有速生丰产，并具有很强烈的化感作用，能直接促成钉螺的孳杀。桉树能源林可用作生活能源、生物制碳、生物制气、桉叶油提取等，还能用作木材生产纸浆与木材。桉树在蒲江、中江、罗江、德阳、仁寿、芦山等地均有较大规模栽植。在凉山彝族自治州桉树产业极为发达，规模大，并在安宁河谷低山丘陵坡面广泛分布。此外，桉树还在河岸林、护渠林、护路林、庭院林业中广泛应用，不但发挥了抑螺防病功能，还形成了生物能源产业与用材林模式。

眉山市的东坡区和仁寿县的巨桉林发展较成规模，大多以业主承包土地形式经营，巨桉生长快，最适合于酸性土生长。第四级老冲积黄壤是一种肥力较差，多数树种生长不好，但桉树在该类土壤上生长特别适应，就技术管理上要适当施用复合肥，如龙镇的倒石桥流域，先期营造松林，林业血防工程实施后，部分低效林改造巨桉林，很好解决了林业血防与林业产业的结合。据调查倒石桥 2009 春季改造后，年终桉树生长高度达 4.5 米，多数巨桉林在 6~7 年可采伐，产值在 10000 元 / 亩；同时桉树林搞养殖的也较多，并在在取得较好经济效益的同时，其抑螺效果也很好。据 2010 年仁寿县疾控中心的对比调查显示：龙正镇石顶村营造巨桉林后，与 1990 年（造林前）相比，较有螺面积百分率下降 97.80%。如中江县巨桉林下养鸡，即保证了鸡肉品质的生态性，同时也为桉树木林施了肥，两者相得益彰，优势互补。在河滩和河岸，多以杨树为主，中江县沿妻江（涪江一级支流）两岸栽植了大量杨树作为抑螺防病林，形成了以杨树为主的林—禽、林—药模式，减少人畜接触疫水的机率，特别是林禽模式，即充分利用郁闭林下昆虫、小动物及杂草多的特点，在林下放养或建围栏，养殖鸡、鸭、鹅等家禽。该模式充分体现了林禽共生、林禽互促的特点：林下为禽类动物提供生存环境，禽类食用林中的草虫，也减少了林木病虫源；禽粪促进林木的成长，实现了林"养"禽、禽"育"林的林禽互利共生良性循环。林地郁闭后，林内仍有一定的散射光，空气新鲜，环境清洁，林下空气湿度大，林荫使禽类生长更快、更健康，既减少人工饲养，降低了饲养成本，又符合绿色消费观念。林下养殖的禽肉蛋适口性明显提高；林下养禽解决了以往的"人禽争地"问题。在一般情况下，每亩可投放 60~100 只禽类，每年可养 3~5 茬，且养殖技术简单，该模式使林内草本盖种和种类极大降低，达到了生态控螺之目标。取得林业产业发展模式：在农田较少沟谷区域，将整个流域发展林业，栽植速生丰产林。该模式投入少，灭螺效果较好，并促进了林业产业发展。以此测算：该林每亩年产值在 1000 元以上，在抑螺防病同时，增加与提供农民收入。

（五）水改旱地经济林发展模式

农田是山丘区钉螺分布面积最大，密度较高、人畜最易感染的土地利用类型，钉螺主要分布于农田田坎与农田接合处，而血吸虫尾蚴则存活于水体，人畜接触后立刻进入皮肤，从而感染上血吸虫病。因此农田灭螺很难处理，比较传统有效的方法是水改旱，相对旱作，稻谷产值要高一些，也是不可缺少粮食作物。水改旱抑螺效果很好，改后种什么是一个很头痛的问题，种水果产值普遍较种水稻高，但因多数水果贮存时间短，市场不稳定，存在较大的潜在风险。但至林业血防工程实施以来，各疫区政府积极引导，将钉螺分布较集中的田块进行退田还果树。果树目前集中于梨、石榴 - 棘（四川的安宁河谷）。由于引进业主，加之林业血防工程及农田水利工程的多资金结合，使退田还果树取得很好的经济效益，据罗江万安镇芒江村按照"科研院所 + 种植基地 + 专合组织 + 农户"的运作模式种植了 8000 多亩翠冠梨、金蜜西瓜、樱红李梨等，走上了一条旅游观光农业的路子，助农增收。翠冠梨亩产在 2000 公斤左右，价格每公斤在 1.8~2.3 元之间，亩产值上万元。"有了钱，房子修好了、路也修好了，不下田了，钉螺没了，血吸虫病也没有了"这是疫区农民最直观的回答。退田还果，四川以蒲江、罗江、西昌等地发展面积较大，有了规模，就有了销路。规模经营和公司加农户及专业合作协会是退田还果树实施的有效管理模式，该抑螺防病林模式在疫区有极强的推广价值。

（六）林茶种植模式及其产业化效益

成都市蒲江是四川省重点疫区，钉螺分布的范围宽，且密度较大。主要原因地于该区第四纪老冲积黄土面积较广,加之区域内水系发达,土层长期积水导致钉螺及血吸虫的漫延。茶叶作为一种著名的保健饮品,它是古代中国人民对对世界饮食文化的贡献。茶属于山茶科,为常绿灌木或小乔木植物,植株高达 1~6 米。茶树喜欢湿润的气候,适合于酸性土壤生长,其适生境与钉螺具共性,均分布于我国长江流域以南地区。茶喜湿、喜酸性土壤的特性,特别是多雾环境品质最好（如黄山茶、蒙顶茶、峨嵋山的竹叶青等）,说明茶对光照要求不高,地低丘平坝地区通过林茶混交可适度遮阴，调节温度，提高空气湿度，增加土壤有机质和养分，改善茶树小气候环境。这样一来，既提高茶叶产量，又降低茶叶粗纤维含量，使得茶叶柔嫩清香，提升茶叶品质。改降低茶叶中粗纤维含量，提高茶叶品质。

林茶混交是一种高效的复合经营，高郁闭的树冠和高强度的管理（除草、施肥、排水）使钉螺适生生境条件被彻底改变，进而降低了钉螺数量，达到抑螺防病之功效。目前，蒲江县结合林业血防工程和退耕还林工程，发展林茶混交已达4万多亩，取得了较好的经济效益。目前推广的模式：茶—樱、茶—桂、茶—银杏混植模式，据调查测算：每亩茶地里混交30株樱桃树，每亩茶地樱桃收入1800元，茶叶纯收入可达3000元以上，较传统农业相比，其经济产值得到很大的提升，桂花、银杏均是很好的绿化树种，近几年需求量较大，价格也很高，当地老百姓测算：每亩茶地混植30株1~2厘米桂花苗，3年后每亩可增收2700元左右，每年每亩可增收900元左右，林茶模式也很好当地旅游业的发展，开辟了林中茶园采摘旅游，具有很好的经济、社会和生态效益。

（七）桑树产业发展模式

桑树属桑科桑属，为落叶乔木。高16米，胸径最大至1米，我国称为桑梓之国，可见桑树在我国历史中的重要性，原产我国中部，有约4000年的栽培史，栽培范围广泛，东北自哈尔滨以南；西北从内蒙古南部至新疆、青海、甘肃、陕西；南至广东、广西，东至台湾；西至四川、云南；以长江中下游各地栽培最多。垂直分布大都在海拔1200米以下。桑树耐寒，可耐 −40℃的低温，耐旱，不耐水湿。也可在温暖湿润的环境生长。喜深厚疏松肥沃的土壤，能耐轻度盐碱（0.2%）、抗风、耐烟尘、抗有毒气体。根系发达，生长快，萌芽力强，耐修剪，寿命长，一般可达数百年，个别可达数千年。桑树目前品种较多，按用途分为饲料桑和果桑。抑螺防病林建设中，桑树作为抑螺模式在安宁河谷的西昌、德昌发展较好，规模较大，桑树是否具有他感抑螺效果还有待试验证实，但通过种植、经营管理等措施的生境抑螺是肯定的。西昌市因光照条件好，桑叶质量好，产量高，大力发蚕桑产业，在疫区成片栽植桑树，目前，拥有桑树2.2亿株；养蚕11.3万张，蚕茧总产量12.5万担。

德昌县桑树发展较快，目前已从传统的栽桑养蚕，扩展至果桑产品，目前已有一家桑果加工公司入住该县，选育的德昌果桑品种，桑果产量在2吨以上，据资料果桑最高可达2.5吨，按单价6元／公斤，产值可达1.2万元，目前德昌县果桑田埂、地埂成了果桑发展的理想地类。

桑树全身是宝，枝条是种植食用菌的理想材料，桑叶中蛋白质含量高达20%以上，是理想的蛋白饲料，可养蚕、养种、养牛等，其林下可养殖家禽。桑树栽植于田埂地坎不仅有一定抑螺效果，同时可护护坎，更重要的是可取得很好的经济效益，目前的主要问题是过于分散，规模经营尚缺，但对桑树利用方式的重新认识，桑树必将是抑螺防病林建设过程理想的抑螺材料。

（八）核桃产业发展模式

核桃，原产于近东地区，又称胡桃、羌桃，与扁桃、腰果、榛子并称为世界著名的"四大干果"。核桃其营养价值高，市场需要量大，在退耕还林工程和林业血防工程建设中备受关注，从发展面积和区域看，核桃是所有果树品种发展最多的，其主要原因在于耐贮存，缓解了疫区群众对市场销售的担忧。

核桃与传统抑螺植物枫杨同科，其叶和树汁均具有强烈的刺激味，其提取物均具毒性，是抑螺的理想树种，其最高产量可达 500 公斤 / 株，但经营管理到位，品种选择合理，核桃单产 250~300 公斤还是比较现实，按目前市场 35 元 / 公斤单价计算，其产值仍上万元。是云南疫区林业血防工程的主打树种，也是云南高原山地抑螺防病林试验示范区建设的重点树种。但核桃对光照条件较高，对气候条件要求还是较高，目前盆地内发展核桃必须解决两个问题：其一是品种的合理选择，目前市场良种较多，选择适宜于当地立地条件的品种成为关键，当然因其种苗贵，防止假苗；其二，病虫害问题，因盆地内湿度大、光照不足，加之管理技术跟不上，核桃病虫害还较严重，这两点制约了核桃产业在盆地内的发展。

（九）湿地公园发展模式

邛海位于四川省凉山彝族自治州，属更新世早期断陷湖。其形状如蜗牛，南北长 11.5 公里，东西宽 5.5 公里，周长 35 公里，水域面积 31 平方公里；邛海湖盆周边地区共有 4 个乡 22 个村 196 个村民组，其地势由平地、阶地向梯地过渡，历来是血吸虫病的重流行区。邛海周边地区三种主要地理环境梯地、阶地、平地。平地地区地势平坦，经济条件较好，交通较方便，家畜传染源数量相对较少，防治工作相对较易，相应地，其感染率较低；而梯（阶）地地区地形较复杂，经济贫困，交通困难，动物宿主多，灭螺困难，且梯形田埂在防止田水流失的同时，也为钉螺提供了良好的栖息环境，所以感染率较高。而且，在梯（阶）地地区，其汇水地形和环山堰的数量较多，这两种地理环境是钉螺适宜的孳生地，如有耕牛放牧，其牛粪、野粪较多，经雨水冲刷流入沟渠后更成为人畜感染的不良环境。

邛海周边地势平坦，水源充足，为钉螺生长提供了良好栖息环境。邛海是著名风景旅游区，为了使旅游环境更安全，西昌市将邛海打造成湿地公园。具体作法是：整治和硬化道路，开沟沥水，沟渠硬化，并沿湖、沿路、沿沟造植园林绿化树种，这样即美化了环境，同时也完全改变了钉螺适生环境，将有螺环境的湿地变成经济发展的产物，血吸虫综合防治的典范，特别是道路和沟渠两旁的绿化是山丘区抑螺防病林的样板工程。当然在整个工程建设中，林业血防资金仅占少部分，因其投资巨大，在大的区域范围目前还很难推广，但为相似疫区提供了优化模式探索。

第六章　生物防治及抑螺植物

在大自然环境中，生物之间有相互依存或制约的现象，防治某些病害或虫害之时，往往利用生物之间的抑制或毒害作用，来达到防治的目的，这种防治方法称为生物防治。目前，在进行滩地"抑螺防病，综合治理与开发"的项目研究工作中，利用滩地造林，毁除杂草，林农间作，多种经营的复合工程来改造"三滩"生态环境，创造不利于钉螺孳生的条件，以实现抑螺防病的目的，已取得明显的成效。在兴林抑螺生物系统工程中，进一步考虑到如何利用一些能够抑制钉螺孳生或毒杀钉螺的树种和草本植物，种植到血吸虫病重疫区有钉螺分布的滩地、溪沟或山丘地，形成"抑螺防病"的植物种群，从而实现生物防治钉螺，提高血吸虫病防治效果。本章将着重研究这类植物的功能作用和生态习性，为进一步利用这些植物开展抑螺防病，提供科学依据。

长江中下游"三滩"地区，凡是有杂草丛生的滩地，多有钉螺的孳生与扩散，也是血吸虫病流行严重的地区。采用兴林抑螺措施，通过建立人工林生态系统，以森林群落代替杂草等植被环境，改变了滩地原有的植被状况，以不利于钉螺孳生。同时，滩地抑螺林在特定的环境条件下，通过实施特定的营林技术和管理措施，如开沟沥水，农林间作，降低地下水位，林地整理，从而达到良好的抑螺防病效果。

抑螺防病林是个新型林种，如何经营管理，在不同林龄期，如何控制林分群落的演变，始终保持高效率的抑螺防病功能，还有许多环节和问题，值得深入探索和研究。滩地是一类特殊的生态环境，水文状况变化大，周期性的冬陆夏水状态，使得其中只能生长一些特定的植物种群，如水芹、藜蒿、三棱草、鱼腥草、老鹳草、水蓼等湿生植物）及芦苇、荻草等草本植物种群。这些草本植物下的环境，一般也都是沿江滩地钉螺孳生和传播的适生环境。近年来，随着灭螺防病工作的开展，滩地全面治理与开发的深入，营造大面积滩地抑螺人工林，采用了极耐水湿的优良杨树品种（如72杨、63杨、69杨）、杂交柳、池杉、枫杨、乌桕等树种。滩地植物群落的形成与发展同钉螺的孳生传播有着密切的关联，如果这些人工林，能通过选择一些抑制钉螺孳生的植物，且真正能在滩地自然条件下立足定居，形成相对稳定的植被群落。特别是滩地造林随着林龄的增大，林分郁闭度增加，林下的草本植物种群相应地会产生规律性的演变。设想利用一些木本植物和草本植物，特别是药用植物，具有抑制或毒杀钉螺孳生功能的植物，来占领有钉螺的滩地，在沟溪两侧形成较稳定的植被群落，将会起到持续的抑螺效果，这对灭螺防病无论在理论上或实践上都具有十分重大的意义。因此，在实施抑螺防病林的工程设计中，应高度注重、优先选用有抑制钉螺孳生作用的树种或草本植物。

经过试验研究证明，在有钉螺分布的滩地及沟渠旁造林，栽植或间种如枫杨、乌桕、益母草等树种、草本植物，对钉螺具有明显的抑制作用。枫杨、乌桕对钉螺的生理生化功能是能阻断或抑制钉螺的螺卵孵化，减低钉螺总蛋白质含量，使软体变小；枫杨、乌桕还可使钉螺碱性磷酸酶（ALP）、谷丙转氨酶（GPT）的活力下降，对谷丙转氨酶（GPT）及谷草转氨酶（GOT）比活力均有明显影响，并增加钉螺的自然死亡率。乌桕、枫杨的落叶中某些毒性成分，如没食子酸、异槲皮素等，当浓度积累到一定程度后，钉螺营养物质摄取受到障碍，毒性成分发挥毒性效应，从而造成钉螺生存能力下降，死亡率升高。由此可见，在兴林抑螺工程措施中，选用能抑制钉螺孳生的树种或药用草本植物，改变生态环境，从而控制和消灭血吸虫病的中间寄主的路子是有效的。

根据湖北省林科所关于《滩地林下草本植物演变及钉螺分布格局的研究》一文报道，滩地林下植物种群结构，随着林龄、郁闭度的变化而产生一定的演变。通常在林分处于幼林期 1~4 年生，林下光强较强，主要生长一些喜光草本植物；8 年以上林分，进入郁闭阶段，林下光照减弱，主要生长一些较耐阴草本植物；5~7 年生的林分林下，喜光和耐阴植物则兼而有之。

各种林下草本植物可分为 3 种类型：

（1）广泛分布型。这种类型的草本植物，在幼林和成林中均有一定的生长数量，如益母草 *Leonurus japonicus*、蒙古蒿 *Astemisia mongolia*、鸡矢藤 *Paederia scandens*、空心莲子草 *Aeternanthera Philoxeroides*、苔草 *Carex* sp.、水芹 *Oenanthe javanica*、芒草 *Phalaris arundinacea* 等，对环境具有广泛适应性，既喜光，又有一定的耐阴能力，生命力较强。

（2）特定分布型。是指那些在特定环境条件下才出现的植物种类，如酸模叶蓼 *Polygonum lapathifolium* 及绵毛酸模叶蓼 *Polygonum lapathifolium* var. *salicifolium*、红皮柳 *Salix sinopurpurea* 等，只能在光照充足的条件下才能生长；而箭舌碗豆 *Vicia sativa*、反枝苋 *Amaranthus retroflexus* 等植物，只能在荫蔽的环境下才能生存。这种类型还包括一些在中幼林期盖度较大，而到成林期盖度明显减小，如芦苇 *Phragmites commnis*、泥糊菜 *Hemistepta lyrata*、猪殃殃 *Galium apina*、羊蹄 *Rumex japonica* 等喜光植物。据调查表明，芦苇在成林期单株个体纤细，高度不超过 80 厘米，明显有被淘汰趋向；而绞股蓝 *Gynostema pentaphyllum* 则是在成林期下出现的种类，表现耐阴植物的特性。特定分布型的植物，一般对环境起到一走的指示作用。

（3）随机分布型这类分布型的草本植物，在林下分布由随机因素决定，不表现不同环境有不同分布趋向的特性，如凤花菜 *Rorippa islandica*、问荆 *Equderia arrsns*、狗牙根 *Gynodon dactylon*，杨子毛茛 *Ranunculus sieboldii*、打碗花 *Calystegia hedera cea*、小藜 *Chenopodium serotium* 等植物。一般说来，林下草本植物都有一定耐阴能力，但即使最耐阴植物，还是需要一定光照条件来进行光合作用。

此外，草本植物与钉螺有一定的联结关系。根据样方调查资料分析，草本植物与钉螺有显著正联结的种类有：鸡矢藤、水芹等。与钉螺有显著负联结的种类有：益母草、问荆、酸模叶蓼、打碗花、紫云英等。在与钉螺有正联结的草本植物，多为有利于钉螺孳生的生长环境，如鸡矢藤是以属于广泛分布型的种类，将此种植物的分布与钉螺的分布对比，可以发现二者之间近似有对应关系，二者之间联结系数为正联结关系，应该说有鸡矢藤分布的地方，就有钉螺的存在。同样，水芹也是属于广泛分布型的植物，其生态要求与钉螺相似，以上两种草本植物形成的生态环境，有利于钉螺的孳生蔓延。因此，在实际工作中，就要注意有目的地清除这两种草本植物，当然还包括那些与钉螺有正联结关系的其他草本植物。

在与钉螺有负联结关系的种类中，几乎每种植物都有药用成分，如益母草全草可以入药，含有 4- 胍基丁醇、精氨酸、香树精及益母草碱等成分；酸模叶蓼的茎、叶可以制作土农药，有杀功效，入药主治水肿、疮毒及蛇咬伤，问荆、打碗花、紫云英等都具有药用功能。有人研究，紫云英的叶部有杀螺作用。与钉螺有负联结关系的种类，不利于钉螺的孳生蔓延，并有毒杀作用。因此，在林下应注意有目的地保留或繁殖这些植物。

以上事例说明，抑螺防病林采用综合技术措施，建立新的植被群落，来控制和消灭钉螺，是有科学依据的。我们知道，滩地抑螺林的营造，如仅靠林分本身生长发育，自然演变，随着林分进入成熟郁闭阶段，林下难以进行林农间种的综合经营措施，劳动投入逐渐减少，整个生态系统的物质能量交流得不到有效控制，其结构又会逐步从有序状态向无序状态过渡，系统的抑螺防病功能可能会逐步衰退，目前抑螺林多选用速生树种，其经营周期一般不超过 20 年，随着林分的老熟郁闭时间愈长，群落组成及其结构、特别是林下环境条件的变化，有些林分的灭螺防病功能会有所减弱。如果在抑螺防病林营建开始时，不仅考虑林地整理、复合经营等技术措施，而且在利用非生物环境改变治理的同时，就考虑结合生物防治措施。选用具有抑制钉螺孳生功能的树种及草本植物，组成抑螺植物群落，这也是一种新的科学设想，下面将专门讨论抑螺植物选择和组成问题。

一、抑螺防病林的树种及植物规划

（一）滩地抑螺防病林树种的选择

1. 选择的原则

（1）耐水湿性能强，能忍耐 3 个月左右的淹水时间，2 米深左右的淹水深度；速生丰产，具有明显生态效益和经济效益的树种，如杨树、池杉等。

（2）有抑制或毒杀钉螺的作用，又能适应滩地生态环境的树种，如枫杨、乌桕等。

2. 树种及草本植物的规划

（1）乔灌木树种。72 杨（*Populus×euramaricana* cv. I-72/58）；63 杨（*P. deltoides* cv. I-63/51）；69 杨（*P. deltoides* cv. I-69/55）；中皖 1，2 号杨（*P.* "cl. Ahui1，2"）；湘林系列杨（77、80、90）；南林系列杨（NL95、NL895）；杂交柳（172、795、799）；中山杉 *Ascendens mucronatum*；池杉 *Taxodium ascendens*；乌桕 *Sapium sebiJerurn*；喜树 *Camptotheca acuminata*；枫香 *Liquidambar formosana*；薄壳山核桃 *Carya illinoensis*；皂荚 *Gleditsia sinensis*；苦楝 *Melia azedarach*；柿树 *Diospyros Kaki*；桑树 *Morus alba*。

（2）草本植物。乌头 *Aconitium lycoctomum*；水蓼 *Polygonum hydropiper*；益母草 *Leonurus japonicus*；空心莲子草 *Alternantheca philoxeroides*；羊蹄 *Rumez japonica*；问荆 *Equderia arrens*；杨子毛茛 *Ranuculus sieboldii*；打碗花 *Calystegia hederacea*；地肤 *Kochia scoparia*；反枝苋 *Amaranthus retroflexus*；青葙 *Celolia argentea*；马齿苋 *Portulaca oleracea*；泽漆 *Euphorbia helioscopia*；紫云英 *Astragalus sinicus*；车前草 *Plantago asiatica*；菖蒲 *Acorus calamus*；漆姑草 *Sagina japonica*；酸模叶蓼 *Polygonum lapathifolium*；绵毛酸模叶蓼 *P. lapathifolium* var. *salicifolium*；白苏 *Perilla frutescens*；黎芦 *Veratrum niger*。

（二）河流、沟渠、低洼地（水网型地区）抑螺防病林树种选择

这类地区水流较缓慢，不似三滩地有明显冬陆夏水，有一定淹水时期。但地势多平坦，土壤潮湿，也适于钉螺孳生。这一地区营造抑螺防病林，多沿沟渠、河岸两侧成带状造林。树种的选择也要较耐水湿，但不致长期受水淹。

1. 乔灌木树种

苦楝 *Melia azedarach*；漆树 *Rhus verniciflua*；无患子 *Sapindus mukorossi*；皂角 *Gleditsia sinensis*；枫杨 *Pterocarya stenoptera*；乌桕 *Sabium sebiferum*；水杨梅 *Adina rubella*；黄栀子 *Gardenia jasminoides*；醉鱼草 *Buddleis lindleyana*；木荷 *Schima superba*；辛夷 *Magnolia litiflora*；油茶 *Camellia oleifera*；马钱 *Strychnos ignatii*；小檗 *Berberis* sp.。

2. 草本植物

石蒜 *Lycoris radiata*；大麻 *Cannabis sativa*；射干 *Belamcanda chinensis*；毛茛 *Ranunculus japonicu*；天南星 *Arisaema heterophyllum*；白头翁 *Pulsatilla chinensis*；茴茴蒜 *Ranunculus chinensis*；大戟 *Euphorbia pekinensi*；泽漆 *E. helioscopia*；虎杖 *Polygonum cuspidatum* 全草及根作土农药，有钉虫作用。

（三）山丘地区抑螺防病林树种选择

这类地区钉螺孳生于山边、山脚、大小沟渠、或四面环山的盆地、平坝，少数有泉水渗出的山顶也有钉螺孳生，形成"源头"。钉螺一般沿山区水系分布。

1. 乔灌木树种

香樟 *Cinnamomum camphora*；银杏 *Ginkgo biloba*；乌桕 *Sapium sebiferum*；桉树 *Eucalyptus robusta*；核桃 *Juglans regia*；无患子 *Sapindus mukorossi*；香橼 *Citrus medica*；木荷 *Schima superba*；油茶 *Camellia oleifera*；闹羊花 *Rhododendron molle*；枫杨 *Pterocarya stenoptera*；花椒 *Zanthoxylum bungeanum*；化香 *Platycarya strobilacea*；盐肤木 *Rhus chinensis*；野漆树 *Toxicodendron succedaneum*；漆树 *R. verniciflua*；厚朴 *Magnolia officinalis*；披针叶茴香（野八角、莽草）*Illicium lanceolatum*；小檗 *Berberia virgetorum*。

2. 草本植物

半夏 *Pinellia ternata*；芫花 *Daphne genkwa*；大戟 *Euphorbia pekinensis*；茵陈蒿 *Artemisia capillaris*；蛇床 *Cnidium monnieri*；龙牙草 *Agrimonia piloea* 全草入药，能治牛膨胀病及猪瘟；地下芽能治猪、牛绦虫等软体虫害。根、叶作土农药能杀虫。蛇莓 *Duchesnea indica* 全草作土农药（5% 浓度），杀虫（蝇蛆等）效果好。大麻 *Cannalie sativa* 大麻全株含大麻酚，毒性

强，杀虫效果好。葎草 *Humulus scendens* 全草制成肥皂合剂，杀虫作用强，其浆汁能治疣。苎麻 *Boehmeria nivea* 全草及种子含氢氰酸，根、叶能杀虫，治蛇咬伤。土荆芥 *Chenopoduim ambrosideo* 茎皮及叶有良好杀虫作用，全草含驱蛔素。博落迥 *Macleaya cordata* 植株含白屈菜红碱、血根碱及博落迥碱，有灭菌杀虫作用。

二、主要灭螺植物

根据国外"病虫害综合防治"The IPM Practitioner（IPM）资料介绍，利用灭螺植物（大多为药用植物）可以控制钉螺孳生和防治血吸虫病。药用植物种类很多，经过筛选后，应用那些对钉螺有毒害作用的种类，有目的地栽植到钉螺繁衍孳生的地区，提供生物防治，灭螺防病，这是一项既经济节约，又无环境污染的新技术措施。现将一些主要灭螺植物的功能作用和理化性质简述如下。

1. 枫杨 *Pterocarya stenoptera*

枫杨为落叶大乔木，常生于溪涧、河滩及潮湿之地。叶治血吸虫病，其浸泡有灭螺作用。据化学分析，叶含鞣质 3.9%，含水杨酸、内脂及酚类。据抑螺试验，效果显著。

结果表明（表 6-1）：枫杨叶浸泡液在浓度达到 6 克/升时，钉螺全部死亡，螺体发白，有臭味。其他对照树叶浸泡液对钉螺无明显杀害作用。

表 6-1　枫杨鲜叶浸泡液灭螺作用及对照表

试药 克/升	枫杨叶	乌桕	池杉	柳树	水杉
1.5	1	2	0	1	0
3	23	2	2	4	2
6	30	1	1	6	0

注：将尼龙纱袋装入 30 只活螺，分别置入多种树叶的浸泡液中（不同浓度），浸泡 3 天，记录钉螺死亡数。

2. 乌桕 *Sapium sebiferum*

乌桕为落叶乔木。多在河边、溪旁、田埂生长，耐水湿。叶含异槲皮甙（isoquercitrin）、鞣持、乌桕苦叶质（sapiin）等，其浸泡液对钉螺卵孵化有明显抑制作用。当乌桕叶浸提液浓度为 7.5 克/升时，对钉螺螺卵孵化的抑制率达 100%（表 6-2）。

表 6-2　乌桕叶浸泡液对螺卵孵化的抑制作用

试药 克/升	乌桕	枫杨	池杉	杨树	水杉
7.5	0*	33	41	46	47
5.0	12	40	39	40	41
2.5	27	45	47	49	47

注：0/50 未有孵出（即表示有 100% 抑制螺卵孵出）将挑选 50 只带完整泥皮的螺卵置于盘中，加入各树叶浸泡液，室内孵化 50 天，记录孵出数。

3. 油茶 *Camellia oleifera*

常绿小乔木。多生于长江流域以南低山丘陵坡地。茶籽饼（榨油后的茶枯）浸出液可杀灭钉螺。茶籽饼（茶枯）含皂甙、鞣质、生物碱等成分，杀虫效果好。茶籽饼作肥料，可杀灭土中钉螺，在200微克/克浓度下，24小时内，有100%灭螺效果。

4. 苦楝 *Melia azedarach*

落叶乔木。生于低山坡地及平原溪沟边。叶含鞣质，树皮含川楝素（toosendanin，$C_3OH_{38}O_{11}$）、三萜类化合物川楝酮（Kulinone）及生物碱苦楝碱（Margosine）等成分，具有较强杀虫功能及驱蛔作用。

5. 漆树 *Rhus verniciflua*

落叶乔木。生于山丘地湿润的环境。叶含鞣质，树皮含漆酚，有毒性，树脂（生漆）含儿茶酚（Catechol）、漆酚（urushiol）等成分。树根和叶片具有杀虫作用。

野漆树 *Toxicodendron succedaneum* 及木蜡树 *Toxicodendron sylvestre* 与漆树有相同功能。

6. 无患子 *Sapindus mukorossi*

落叶乔木，生于低山丘陵及平原地。叶含无患子皂甙A、山奈酚、芸香甙；果肉（外果皮）含无患子皂甙（Sapindoside）、常春藤皂甙（hederagenin, mukurosigenim）、芸香甙（rutin）等，具有较好的杀虫效果。

7. 喜树 *Camptotheca acuminata*

落叶乔木，生于长江流域各省，低山丘陵及平原地区，喜湿润环境。全株含喜树碱（Camptothecine）、印度鸭脚树碱（Venoterpine）、3,3',4-三甲基并没食子酸（3,3',4-trio-methylellagic acid）及谷甾醇等。根、果、树皮、枝、叶均含有抗肿瘤作用的生物碱，用于试治各种癌症、急性白血病、银屑病及血吸虫病引起的肝脾肿重大。

8. 皂荚 *Gleditsia sinensis*

落叶乔木，生于低丘坡地及溪沟边。果荚含三萜皂甙（皂荚甙 gledinin）、皂荚甙元（gledigenin $C_{30}H_{48}O_3$）、皂荚皂甙（gledditschia saponin $C_{30}H_{48}O_4$）及鞣质、蜡醇、谷甾醇（Sitoslerol）等；刺含黄酮甙、酚类等。叶水浸泡液能杀虫。

9. 桑树 *Morus alba*

落叶小乔木。生于长江流域南北各地，能耐水涝。叶含腺嘌呤（adenine）、胆碱（choline）、异槲皮甙（isoquercitrine，$C_{21}H_{20}O_{12}$）、葫芦巴碱（trigonelline $C_7H_7O_2N$）、麦角留醇、鞣质等。叶水溶液有杀虫功能。

10. 水杨梅 *Adina rubella*

落叶灌木，多生于溪边堤岸、河谷湿地。根、叶含水杨酸，有毒虫杀菌作用。

11. 八角枫 *Alangium chinense*

落叶小乔木。生于山谷、溪边湿润之处。根部含生物碱、酚类、有机酸等成分。全株水浸液有毒杀害虫作用。

12. 闹羊花（黄杜鹃、羊踯躅）*Rhododendron molle*

落叶灌木，生于长江流域以南低山丘陵坡地及沟谷处。全株有剧毒，叶含黄酮类、羊踯躅素、司帕拉沙酚。作土农药，杀虫效果好，能控制钉螺孳生。

13. 醉鱼草 *Buddleia lindleyana*

落叶灌木。呈攀援状。分布我国南部及西南部。种子有剧毒，能杀灭多种害虫，也具有杀灭钉螺作用。

14. 马钱 *Strchnos ignatii*

落叶灌木，生于低山丘陵溪谷河边。全株有毒，能毒鱼，杀灭蛆虫，治蛔钩虫病。

15. 樟树 *Cinnamomum camphora*

常绿乔木，生于长江流域及其以南山丘地的谷地及湿润的河岸平地。枝叶含樟油，油中含樟脑、桉油精、1-d- 苊烯、1- 苊烯、黄樟醚（Safral）、香芹酚（Carvacrol）、丁香酚、杜松烯（Cadinen）等成分。能防治多种虫害，与茶饼、雄黄配合，药效更好。

16. 银杏 *Ginkgo biloba*

落叶大乔木。适生于长江流域各地，山丘、平原、沟谷地均能生长。叶含白果内脂（ginkgolide）A. B. C. M、双黄酮类化合物白果叶素（ginkgetin, $C_{32}H_{22}O_{10}$）、草酸（shikimic acid，$C_7H_{10}O_6$）等；外种皮含白果酸（ginkgalic acid，$C_2H_{34}O_3$）、氢化白果酸（$C_{22}H_{36}O_3$）、白果酚（ginkgol, $C_{21}Ha_{40}$）及白果醇（ginnol, $C_{29}H_{60}O$）等。种皮及叶均具有杀虫灭菌作用。

17. 商陆 *Phytolacea acinosa*

多年生草本，生于溪沟边阴湿地。全草含商陆毒素（Phytolaccatoxin，$C_{24}H_{30}O_9$）、氧化肉豆蔻酸（Oxymyristic acid，$C_{14}H_{28}O_3$）、皂甙和多量硝酸钾。根含商陆碱（Phytolacine）。有杀灭害虫作用。入药能治腹水、消肿。

18. 毛茛 *Ranunculus japonicus*

多年生草本，生于沟边、溪边或湿草地上。全草药用，含原白头翁素（Protoanemonin，$C_5H_4O_2$）。有强烈的刺激性，能杀灭虫害和软体害虫，效果良好。

同属植物的扬子毛茛 *Ranunculus sieboldii*、禺毛茛 *Ranunculus cantoniensis*、茴茴蒜 *Ranunculus chinensis*、石龙芮 *Ranunculus sceleratus* 等植物，生态环境及药用功能同毛茛。

19. 白头翁 *Pulsatilla chinensis*

多年生草本，生于平原及低丘坡地，全草药用，根中含有皂甙（$C_{46}H_{70}O_{20}$）、白头翁素（anemonin，$C_{10}H_8O_4$）等成分。全草作土农药，能杀灭软体害虫及其他多种害虫。

20. 乌头 *Aconitum carmichaeli*

多年生草本，生于低山坡地及溪沟边。块根含乌头碱（aconitine，$C_{34}H_{47}O_{11}N$）、次乌头碱（hypaconitine，$C_{33}H_{45}O_{11}N$）、中乌头碱（mesaconitine，$C_{33}H_{45}O_{11}N$）、塔拉弟胺（talatisamine）及川乌碱甲、乙等成分，有大毒，能杀灭虫蛆，控制钉螺孳生。

21. 打碗花 *Anemone hupehensis*

多年生草本。生于丘坡荒野及溪沟边。根含毛茛甙（rananculin，$C_{11}H_{16}O_6$）、原白头翁素（Protoanemonin，$C_6H_4O_2$）等成分。全草水浸液有显著杀灭蛆虫及地下害虫功效。

22. 大戟 *Euphorbia pekinensis*

多年生草本，生于山坡、溪旁、草地。根含三萜成分（为大戟甙 euphobon 等）、生物碱、大戟色素体（euphorbia）A. B. C 等。根浸泡液（1~2 天）制成 10% 浓度药液，可杀灭多种病虫害，效果良好。

23. 泽漆 Euphorbia helioscopia

1~2 年生草本。生于沟旁、荒地。全草含槲皮素 -5,3- 二 -D- 半乳糖甙（quereetin-5, 3-di-D-galactoside）、泽漆皂甙（phasin）、三萜、丁酸、泽漆醇（helioscopiol，$C_{21}H_{44}O$）、β - 二氢岩藻留醇（β-dihydrofucosterol）等成分。茎叶作土农药，能杀虫灭蛆，有灭螺作用。

24. 大麻 Cannabis sativa

1 年生草本。各地栽培，叶有毒，能驱蛔虫；种子油含有大麻酚（tetrahy dro cannabin）、大麻二酚（Cannabidol），有麻醉作用，毒性强，有灭螺作用。

25. 葎草 Humulus scandens

多年生缠绕草本。生于沟边及荒地，繁殖力强。全草含木犀草素（luteolin），胆碱及天门冬酰胺及鞣质等；果含葎草酮（humulone）及蛇麻酮（lupulone）；叶含大波斯菊甙（Cosmosiin）、牡荆素（Vitexin）等成分。全草制成肥皂合剂，有杀虫功能，其浆汁能治疣。

26. 虎杖 Polyonum cuspidatum

多年生草本，生于田野沟边、溪旁，喜水湿。根、茎含大黄素（emodin）、大黄素甲醚（emodin monomethyl ether）、大黄酚（Chrysophanic acid, chrysophanol）以及蒽甙（anthraglycosid）等成分。全草及根有杀灭虫害作用。入药主治牛膨胀症。

27. 水蓼 Polygonum hydropiper

1 年生草本，生于水边湿地。全草含辛辣挥发油，为水蓼二醛（tadeonal，polygodial）、异水蓼二醛（isotadeonal）和一种酮类成分（poly-gonone）。黄酮类有水蓼素（Perscarin）、槲皮素、金丝桃甙（hyperin）等成分。植株浸出液可防治多种病虫害。有控制钉螺孳生作用。

28. 酸模叶蓼 Polygonum lapathifolium

1 年生草本。生于溪边、湖滩及沟谷湿地。全草浸出液能杀灭多种虫害，效果显著。

另有一变种绵毛酸模叶蓼 Polygonum lapathifolium var. salicifolium 用途同酸模叶蓼，均有抑制钉螺孳生的功能。

29. 紫云英、红花草 Astragalus sinicus

1 年生草本，生于田边，路旁，耐水湿。全草含胡芦巴碱（trigonelline）、紫云英甙（黄芪甙 astragalin，CzlH2001，）、胆碱、腺嘌呤等成分。花含紫云英甙、刀豆酸（Canaline），刀豆氨酸（canavanine CsHlzO3N4）、高丝氨酸（homoserine）等。为著名水稻田绿肥作物。据 Kuo. YH 等人的研究，紫云英叶子有杀螺作用。

30. 土荆芥 Chenopodium ambrosioides

1 年或多年生草本。生于河岸、溪边及荒野。全草含挥发油（土荆介油），油中主要成分为驱蛔素（ascaridole，约 60%~70%）、对聚伞花素（p-cymene，约 25%）及其他萜类物质，如土荆芥酮（ritasone）、柠檬烯（limonene）等。叶部还含黄酮甙和土荆芥甙。茎、叶水煮液，对多种害虫有毒杀作用，应列为灭螺植物。

31. 半边莲 *Lobelia chinensis*

多年生矮小草本，生于河边、溪沟旁潮湿地方。全草含山梗菜碱、山梗菜酮碱、醇碱等多种生物碱及皂甙、黄酮类等药用成分。可治毒蛇咬伤，肝硬化腹水。有抑制钉螺孳生的作用。分根繁殖。

32. 苍耳 *Xanthium sibiricum*

1年生草本，各地荒野、草地、路旁、沟边广泛生长。茎叶含有对神经有毒物质，果实含苍耳甙、生物碱等成分。杀虫效率高，可防治多种虫害。幼苗有剧毒，可应用为灭螺植物。

33. 茵陈蒿 *Artemisia capillaris*

多年生草本。生于河谷、河边、路边较潮湿地方。全草含有叶酸、挥发油，花、果含有香豆素。可作驱虫剂及治黄疸病。

蒿类植物（如黄花蒿、艾蒿、青蒿、蒙古蒿等）均含有挥发油、生物碱，制成土农药能防治多种病虫害。是有价值的灭螺植物。

34. 白苏 *Perilla frutescens*

1年生草本，生于荒野、路边、溪旁。茎、叶、种子含有挥发油，油中含有紫苏酮。有驱虫功效，国外害虫综合防治（IPM）资料，列为灭螺植物。

其变种紫苏 *P. frutescens* var. *arguta* 药用功效相同，且优于白苏。

35. 天目藜芦 *Veratrum schindleri*

多年生草本。生于溪谷沟边阴湿地方。根及根茎含原藜芦碱、藜芦碱等多种生物碱，有毒性。全草作杀虫药，功效良好。国外资料列为灭螺植物。

本属还有黑紫藜芦 *V. japonicum*、毛叶藜芦 *V. grandiflorum*，功效同天目藜芦（姑岭藜芦）。

36. 天南星 *Arisaema heteropbllum*

多年生草本，生于山丘坡地林下，溪沟边阴湿处。块根含有生物碱：淀粉等成分，有毒性，作土农药有杀虫、驱虫作用。

37. 半夏 *Pinellia ternata*

多年生草本，生于林下、溪旁较阴湿处。块茎（称"半夏"）含有挥发油、棕榈酸、植物甾醇、生物碱、亚麻仁油酸等成分，有毒。有杀虫、驱虫功效。

38. 问荆 *Equisetum arvense*

多年生沼泽植物。生于沟旁、水边潮湿之地。全草含有皂甙、植物甾醇、木贼碱（Equisetum）、黄酮类（木犀草甙、异槲皮甙等）等成分，有毒。可用以杀虫灭螺。

本属节节草 *E. ramosissimum*，分布与功能同问荆。

39. 博落迴 *Macleaya cordata*

多年生草本，分布长江流域中、下游各省，生于低山丘陵草地、沟边。全草含原阿片碱、高白屈菜碱、白屈菜红碱、血根碱等多种生物碱。全草作土农药，有毒，作杀虫灭螺用，效果良好。

40. 龙芽草 *Agrimonia pilosa*

多年生草本。生于丘坡、荒野、水边。全草含仙鹤草素（*agrimonine*）及黄酮甙类。制成土农药可杀灭病虫害，能治猪、牛绦虫。全草水浸液能抑制钉螺孳生。

41. 蛇莓 *Duchesnea indica*

多年生草本。野生于沟边、田埂杂草丛中。全草人药,种子油含亚油酸,非皂化物质有烃、醇和甾醇。全草 5%浓度浸出液能杀蛆灭孑。

42. 石蒜 *Lycoris radiata*

多年生草本。生于山丘阴湿地及溪沟边。鳞茎中含有石蒜碱、加兰他敏、多花水仙碱等多种生物碱,有毒性。作土农药,能杀棉蚜虫、灭蝇蛆及钉螺。为重要灭螺植物。

43. 射干 *Belamcanda chinensis*

多年生草本,生于山坡谷地及沟边。根茎含射干甙、鸢尾甙、杧果甙、工鸢尾黄酮甙元 -7- 葡萄糖甙等成分。根茎人药有杀菌消炎作用,并有灭螺功能,在 1000 微克 / 克的浓度下,24 小时能 100%灭螺。

44. 曼陀罗 *Datura stramonium*

1 年生高大草本。各地多野生,亦可栽培,适应性强。全草主要含莨菪碱等成分,有毒。花、叶、种子入药有麻醉作用。全草作土农药有杀虫作用,能控制钉螺孳生。

同属还有紫花曼陀罗 *D. tatula*、白花曼陀罗 *D. metel*、毛叶曼陀罗 *D. innoxia* 等,用途和化学成分与曼陀罗同。

灭螺植物很多,大都为药用植物。据资料分析研究,以下各科植物大多不同程度包含杀虫灭螺作用。

①商陆科 Phytolaccaceae;②大戟科 Euphorbiaceae;③蓼科 Pobgonaceae;④芸香科 Rutaceae;⑤小檗科 Berberidaceae;⑥瑞香科 Thymelaeaceae;⑦毛茛科 Ranunculaceae;⑧马钱科 Strychnaceae;⑨醉鱼草科 Buddleiaceae;⑩楝科 Meliaceae;⑪无患子科 Sapindaceae;⑫漆树科 Anacardiaceae;⑬胡桃科 Juglandaceae;⑭含羞草科 Mimosaceae;⑮云实科 Caesalpinacceae;⑯蝶形花科 Papilionaceae;⑰天南星科 Araceae;⑱石蒜科 Amaryllidaceac;⑲菊科 Compositae;⑳百部科 Stemonaceae。

第七章　抑螺防病林对钉螺的抑制作用

经过多年的努力，中国的血吸虫病防治取得了令世人瞩目的成就。但是，长江流域中下游大面积的"三滩"仍为血吸虫病严重流行区。如何治理和开发利用"三滩"，是一直未能得到有效解决的难题。为寻找解决途径，20世纪80年代安徽农业大学彭镇华教授深入疫区，总结过去经验的基础上从经济生态角度系统的提出了"兴林抑螺"的新思路。经过多年来、多部门、多学科的调查研究，摸索总结了一套有效的抑螺防病治理办法，建立了林农复合生态系统的技术措施，从生态环境的治理入手，根本改变钉螺的孳生条件，取得良好的灭螺防病效果，并获得较高的开发滩地的社会效益和经济效益。

从早期在安徽省安庆地区红星（江滩）、新洲（洲滩）、新丰（湖滩）等滩地，以及后来在其他各省流行区建立的抑螺防病林试点成果来看，由于滩地上建立林农系统，进行机耕深翻，毁芦除草，规模造林，实行农作物间种，改善了土壤条件，平整了土地，消除了低洼积水，将钉螺深翻埋入土层深处或翻上土壤表层。同时，搞好了路沟配套工程，做到"路路相连，沟沟相通，林地平整，雨停地干"，因而减少人畜接触疫水机会。又由于降低了滩地地下水位，减少表层土壤湿度，创造了有利林农生长而不利于钉螺孳生的环境，起到林茂粮丰和灭螺防病等多种效益。

林农间种是兴林灭螺的关键措施，林农复合生态系统的建立，大大提高了光、热、水、土等自然资源的利用率，不仅可获得较高的林木长期收益，而且可获得一定的短期效益，提高了群众开发治理滩地的积极性，自愿年年精耕细作，每年耕翻土壤，具有除草灭螺效果。间种还起到了以耕代抚作用，促进了林木生长。

在地势特别低洼的区域，可建立水产养殖区。由于该区域汛期淹水较深，淹水时间又长，一般不宜作为造林地，而是建成水产区，进行水产养殖。低洼滩套地周围筑起低坝，汛期整个被水淹没，积水较深，长期水淹可彻底灭螺。高栅围栏又有水产收益。

抑螺防病林建立后，滩地环境因子发生明显的变化，特别是光照、光谱成分、温度及湿度等生态因子均朝着不利于钉螺生长发育的方向发展。抑螺防病林营建后对钉螺的抑制作用及其机理，主要有以下几个方面。

一、钉螺的消长规律

长期以来，"三滩"地区水热等自然条件优越，有利于血吸虫中间宿主——钉螺的孳生。众所周知，钉螺的生物学特性，其年繁殖系数较大，每只成龄钉螺一年可繁殖50只之多。

而且钉螺有迁移扩散能力。在长江汛期，钉螺可随水流附着物体大量迁移 5 万米左右（在水流速度为 0.97~2.2 米 / 秒时，有 17.3% 的钉螺只能依附物体飘流在 5 万米以上，大多数钉螺只能依附物体飘流在 5 万米以内）。钉螺还有倒悬水面流动习性，故沟中钉螺与水田中钉螺有互相迁移的趋向。因此，在局部地区采取血防措施基本消灭钉螺以后，还有可能因异地钉螺的迁移扩散而再度发生。长江中下游沿江地区有些新长滩地，原来并无钉螺，但随着芦苇、杂草自然植被的形成，上游钉螺随江汛水流的迁移，新生滩地会逐渐出现钉螺，并逐年增加。这说明沿江滩地只要环境条件适宜，就有钉螺孳生蔓延的可能。从这点来讲，只有综合治理与开发沿江滩地，改变钉螺赖以生存、繁衍的环境条件，才是根本抑制钉螺孳生的有效措施。

林农复合生态系统建立后，滩地环境条件发生了根本变化，使地形复杂，芦苇、杂草丛生的"三滩"地区，在通过改造环境的生物工程中，形成地形平整、沟路相通、林茂粮丰的新滩地生境，由此而产生了土壤湿度、气温、地温、太阳辐射等一系列生态因子的变化，超出了钉螺适生条件范围，使得钉螺本身生理生化及其结构发生了质和量的变化，从而有效地阻碍了钉螺体内营养代谢，抑制了钉螺的孳生。根据数年来兴林抑螺试验基地的科学测定，林农复合生态系统建立前后对比，滩地钉螺有明显下降。据统计资料，滩地钉螺总数量下降达 85% 以上。此外，抑螺防病林营建后，长江汛期林地也有一定淹水时间，但洪水退后，随江水飘浮迁移来的钉螺，多集中于沟渠之中，范围明显缩小，易于控制和消灭，这与芦苇、杂草丛生滩地上，钉螺在广大面上的滞留与扩散，就不可同日而语了。

有资料证明，抑螺防病林兴建后，经过机耕整地，清杂造林，以及林下间种农作物，每年进行耕翻土壤，将滩地钉螺翻上埋下，这一精耕细作、抚育管理措施，起到显著的灭螺效果，根据《安徽省华阳河灭螺方法研究》一文，提到机耕、种植对钉螺生存影响的观测，在有螺地进行机耕种植，先把若干开垦地观察点与对照区未开垦地观察点，每观察点检查 16 平方米，测定 1 平方米活螺平均密度与死亡率。观测结果：开垦地进行一次机耕的，活螺平均密度由 30.2 只 / 平方米 降至 3.2 只 / 平方米，死亡率占 78.2%。如进行二次机耕的开垦地，钉螺死亡率达到 100%。但在对照区的未开垦地，活螺平均密度为 224.3 只 / 平方米，死亡率仅 6%。这一观测资料，充分证明了林农复合生态系统，通过造林、间种农作物、机耕整地、精耕细作的滩地，钉螺死亡率必然大幅度上升，活螺框出现率和钉螺平均密度急剧下降，其残存的钉螺也处于萎缩状态，逐渐趋于消亡。

（一）枯水期钉螺动态

1. 抑螺防病林

红星和新洲试验区内钉螺数量都有不同程度的减少。新洲大沙包 1991 年活螺密度较实施前的 1985 年下降了 89.1%，并已边疆两年未发现阳性钉螺。已实施间种的区域，1991 年春末查到活螺。未间种区域活螺密度较实施前下降 79.8%。红星南埂间种从 1990 年来才开始，而且部分地区间种面积仅占总面积的 60%，但活螺密度较实施前的 1988 年下降 88.7%。

2. 沟、路

新洲大沙包试验区，沟内活螺密度 1991 年较实施前的 1985 年下降 7.3%，活螺指数下降 38.5%。路的活螺密度下降 53.5%，活螺指数下降了 386%。3 年来，沟、路未发现阳性螺（活螺指数 = 活螺框出现率 × 活螺平均密度）。

3. 对照区

位于试验区毗邻的芦苇滩和草滩调查发现：红星试验区外的对照区，螺情十分严重，阳性螺明显上升，1991 年较 1989 年上升较快，新洲对照区的活螺密度虽在上升，但未发现阳性螺。

钉螺生长发育所需要的生态条件：以散射光为主，光强 3600~3800 勒克斯的弱光照；湿度在 15~38℃ 之间，昼夜温差小，土壤湿度较大，土壤含水率约在 28%~38% 之间，地下位深约 30 厘米左右，同时还需要一些腐败生物。

对照区芦苇滩的生态环境接近钉螺的适生环境。芦苇滩内光照弱，光谱成分中红外部分的比例大，其他各波段的比例小，土壤湿润，地下水位适中，加上腐败的枯落物、苔藓、藻类较多，使其成为钉螺生长繁殖的理想场所。

林农生态系统建立后，林内太阳辐射量明显较芦苇增加，即使在林冠阴影下，光强也远远超过钉螺适生的照度指标的上限 3800 勒克斯。光说成分与林内光斑处十分相似。在林农生态系统作物生长盛期，地温低于钉螺生长发育适宜的下限指标，而当作物成熟后，地温陡增，且日较差大，又超过了钉螺适生湿度的上限。由于林内光照、湿度等生态因子的改变，加上林地开沟、筑坝、建闸，控制了地下水位，使林农生态系统地下水位明显下降，土壤含水率降低，这又有效地掏了钉螺在林农生态系统内生存。由于间作的需要，农民每年皆要在林农生态系统内翻耕、除草、施肥等，将钉螺的食物翻入土中，同时也把存活的钉螺翻上埋下，起到直接灭螺的作用。

（二）丰水期钉螺的动态

江苏省镇江市丹徒县世业乡洲滩是 1990 年按项目要求建立的滩地林农生态系统。1991 年丰水期间调查钉螺时发现，林农生态系统在丰水期也有显著降低钉螺密度的作用。

1. 林农间作降低了钉螺的密度

1991 年 7~9 月，对 20 亩间种的和未间种的试验区进行钉螺上爬情况调查，结果发现：间种区钉螺上爬数量与高度，以及有螺框出现率明显低于未间种区。

上述调查说明，林农间种作是降低丰水期滩地钉螺密度的重要手段。

2. 水体对钉螺扩散的影响

长江丰水期一般为 7~9 月，对长江水体钉螺扩散情况调查发现：长江水体中有幼螺存在，幼螺可随洪水向下游转移，并在滩地扩散（表 7-1，表 7-2）。

林农生态系统代替芦苇滩后，使滩面水流速度加快，钉螺在林农生态系统内滞留的机率减少，幼螺在林农生态系统中不能停留。同时滩面杂草密度小。钉螺食物减少，加上生态因子改变，不利于钉螺滞留和生存。

表7-1　丰水期钉螺分布动态

调查时间 （月·日）	间种 情况	调查株 数（株）	有螺株 数（株）	有螺株 出现率(%)	捕螺数 （只）	平均密度 （只／株）	最高密度 （只／株）	钉螺上爬平均高（米）	
								距水面	距地面
7.10	间种	50	0	0	0	0	—		0
8.13		50	15	30	30	0.6	—		0.05
9.10		50	14	28	17	0.34	—		0.09
7.10	未间种	100	11	11	12	0.12	2		0.30
8.13		100	52	52	136	1.36	16		0.41
9.10		100	80	80	529	5.29	48		0.38

表7-2　汛期长江水体钉螺调查统计表

调查时间 （月·日）	潮水位 （米）	调查框 数（框）	有螺框 数（框）	有螺框 出现率(%)	捕获螺数 （只）	成螺数 （只）	幼螺数 （只）	阳性螺 数（只）	钉螺平均密度 （只/0.11 平方米）
7.10	8.54	100	7	7	11	3	8	0	0.11
8.13	7.80	100	4	4	4	2	2	0	0.04
9.10	6.80	100	4	4	5	3	2	0	0.05
合计	—	300	15	5	20	8	12	0	0.06

3. 治套与灭螺

在血吸虫病重疫区，钉螺密度大的"三滩"建立林农生态系统后，无论是在枯水期还是在丰水期，都始终造成了不利于钉螺孳生的环境条件。但对一些低洼的滩套，还必须采取一系列的配套治理措施，才能达到根治钉螺适宜孳生地的目的。1992 年春，因江西、湖南连降大雨，致使长江水位在 4 月份猛涨，造成了滩地低套内的钉螺向滩面扩散，据安徽省安庆血防所 4 月份调查结果显示：新洲滩地未治理套沟等低洼易感地带有螺面积 44.93 万平方米，钉螺解剖发现阳性螺点 37 处，钉螺平均 0.011 只 /0.11 平方米，综合治理，综合开发，并措施配套，坚持宜林则林、宜农则农、宜渔则渔、宜副则副的方针，才能彻底根治钉螺的孳生环境，最终达到灭螺的目的。

二、生态因子的变化

抑螺防病林营造后，滩地钉螺减少，主要是通过滩地特定的生态环境的治理，改变了原来钉螺适生条件，从而使钉螺在新的不利的生态因子影响下难以孳生繁衍，最终得到灭螺效果。经过观测研究，林农复合生态系统建立后，一些生态因子具体变化如下：

（一）土壤湿度（土壤含水率）

钉螺有水陆两栖习性，喜欢在土壤潮湿的环境里生活，在水分少、干旱的土地上钉螺是难以生存的。据研究，钉螺在土壤含水率为 12.25% 时，活动率为 0.28%，含水率在 20% 时，活动率为 21%，含水率 30% 的土壤上，钉螺活动率为 51.6%。当土壤湿度在 28%~38% 时，最适宜于钉螺的孳生。根据连续 2 年在试验地的调查，滩地建立林农复合生态系统后，林地土壤含水率明显低于芦苇地。

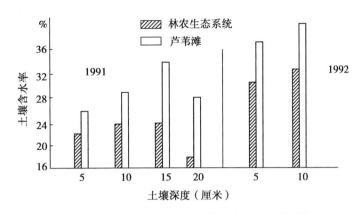

图 7-1　林地、芦苇地不同土壤深度含水率的比较

　　林农复合生态系统内土壤含水率明显低于芦苇地（图 7-1），与以下几个原因有关：首先与林地基本建设有关，如沟路配套，做到林地平整，沟沟相通，雨停地干，使林地地下水位明显下降。其次与林内间种农作物、耕翻、锄地等农业技术措施有关，耕翻土壤，锄地除草，可降低土层内的热容量和导热率，切断土壤毛细管，这样有利于地表湿度上升和表土层水分蒸发，降低土壤含水率。另外，系统内土壤含水率较低还与林地采用宽行栽植有关，林木宽行栽植使林地通风透光，行间风速增大，使土壤水分加快蒸发，也是土壤含水率降低的重要原因。

　　土壤含水率与地下水位深度密切相关，而地下水位深度又与钉螺孳生及密度有关，当地下水位深 30 厘米左右时，钉螺的密度最高，见表 7-3。

表 7-3　不同地下水位草滩钉螺分布表

地下水位深度 （厘米）	调查框数 （框）	有螺框数 （框）	活螺数 （只）	活螺密度 （只/0.11 平方米）	有螺框出现率 （%）
10	141	19	34	0.2410	13.50
20	133	47	147	1.1053	35.34
30	147	103	352	2.3940	70.70
40	139	64	197	1.4173	64.04
50	26	18	46	0.6053	23.68

　　芦苇滩地由于芦苇群体密集，空气流通不良，风速明显减小，土壤水分蒸发量也相应降低。加之芦苇根系丛生，多颁于土壤浅层，增高了土壤湿度。

　　此外，林农复合生态系统内，由于挖沟排水，沟沟相通，在枯水期，林地地表及土层中不致渍水，地下水位也有所下降，不利于钉螺的滞留和孳生。在丰水期，林地有不同程度的江汛水淹，钉螺的尾蚴或幼螺必然随水或附着物转移到林地，但退水后，迁移来的钉螺主要集中在水沟中，也便于药物消灭。同时，滩地多为冲积土，沙性大，排水良好，林地沟路配套，雨停地干，可大为减少与疫水接触机会。林地间种农作物，每年要深耕 1~2 次，由于要播种夏季作物，一般入秋要进行耕翻，这时钉螺大部入土越冬，一经耕翻，露出地表，易于干冻死亡。因此，林农复合生态系统，土壤水分和空气湿度的变化是造成钉螺消亡的重要因素。

（二）温　度

钉螺通常在表层土壤活动，或在浅土层中栖息，故地面气温与地温变化情况与钉螺活动关系密切。据观察研究，适宜钉螺生活和繁殖的温度为 20~25℃，超过其适温范围均不利于钉螺活动、繁殖，也影响其生存寿命。

抑螺防病林营建后，林农复合生态系统内与芦苇的温度相比发生了变化，对钉螺的活动和繁殖产生明显影响，现论述如下。

1. 气温变化特征

在林农复合生态系统内，间种作物生长期（林地Ⅰ期）与作物成熟收割后（林地Ⅱ期），于地表 50 厘米高处气温明显不同。林地Ⅰ期，气温低于芦苇地林地Ⅱ期，林农复合生态系统内 0.5~2 米高处气温均高于芦苇地（图 7-2，图 7-3）。

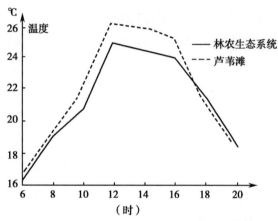

图 7-2　地上 50 厘米气温日变化比较图（4 月 27 日）

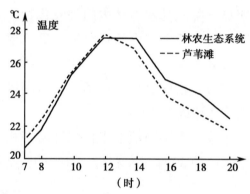

图 7-3　地上 50 厘米气温日变化比较图（5 月 21 日）

2. 地温分布特点

钉螺除了在土壤表面活动外，也常在土层中栖息，因此地温的变化对钉螺的生长、活动也会产生直接的影响。林农生态系统内的作物生长期，地下 5 厘米处的地温低于芦苇滩；当作物成熟收割后，则地温高于芦苇滩，且一天之中，大部分时间高于 25℃（图 7-4，图 7-5）。

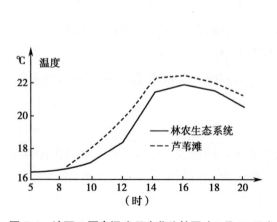

图 7-4　地下 5 厘米温度日变化比较图（4 月 27 日）

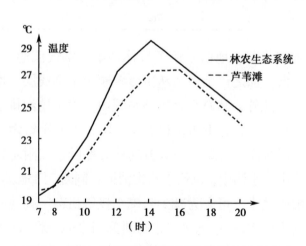

图 7-5　地下 5 厘米温度日变化比较图（5 月 21 日）

3. 温度日变化

钉螺适宜生活在温度变化小的环境中，根据观测，芦苇滩温度日变化始终较小，林农生态系统内，在作物生长期温度日变化较小外，一年中大部分时间温度日变化较大（表7-4）。

表7-4 林农生态系统、芦苇滩温度日较差表

天气	林农生态系统作物生长期	芦苇滩	林农生态系统作物成熟后	芦苇滩
晴天	5.0	5.8	9.5	7.2
阴天	1.6	1.3	2.4	2.1

林农生态系统中，作物生长期和作物成熟收割后的温度变化特点，对降低钉螺密度有明显作用。钉螺孳生的适宜温度为15~25℃，在作物生长期，林地内地温较芦苇滩低，且日较差亦小，温度一般低于20℃。此时，温度越低，日较差越小，越不利于钉螺的生长。作物成熟收割后，林地内地温明显高于芦苇滩，且日较差大，一天中有相当多的时间温度超过了钉螺适宜生长的上限。此时，温度日较差越大，高于25℃的时间越长，对钉螺生长就越不利。由此可见，林农生态系统无论是在林下作物生长期，还是在作物成熟后，其温度特征均不利于钉螺的孳生繁衍。

（三）太阳辐射

钉螺最适宜生长的光照强度3600~3800勒克斯，大于此值，钉螺呈避光性，小于此值，则呈趋光性。抑螺防病林营建后，由于其群落结构明显不同于芦苇滩，因而对太阳辐射的吸收、反射、透射量也有所不同，造成太阳辐射分布特征的差异。

1. 总辐射

抑螺防病林内一般有农作物间作，进入该系统的太阳辐射经过林冠、作物层的吸收、反射，到达地表的辐射量明显减少。在作物成熟期收割后，林农生态系统内的光照强度迅速增加。

表7-5 不同天气不同时期林农生态系统、芦苇滩总辐射差异

时间	林农生态系统		芦苇滩
	油菜顶部	油菜基部	
作物生长期（晴）	567.1	196.0	239.0
作物生长期（阴）	263.7	105.4	150.2
作物成熟期（晴）	601.5		185.1

抑螺防病林地在作物生长期，太阳辐射量小于芦苇滩地，而在作物成熟期收割后，林内较空旷，而此时芦苇长得既高且密，太阳辐射量林地又明显高于芦苇滩（表7-5）。根据钉螺对光照强度的要求，以芦苇滩地的太阳辐射量最适，林农复合生态系统的太阳辐射量不是偏低就是偏高，均不利于钉螺的孳生。

2. 光谱特征

抑螺防病林和芦苇群落冠层下，除太阳辐射量产生明显的变化外，光谱成分也有显著

差异。芦苇滩内红外光所占比例较大，约占 69.4%；而林农生态系统内红外光仅占 44.78%。除此之外，其余各波段光的比例是林农生态系统内几乎比芦苇滩内大 2 倍（图 7-6）。

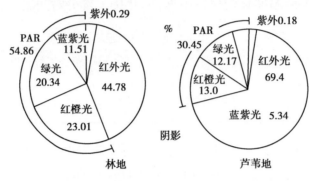

图 7-6　不同生态系统阴影下的光谱特征

钉螺适宜生长于红外光比例大，光合有效辐射小的散射光下。芦苇滩地阴影下较光斑下的红外光明显增加，即由 41.74% 上升到 69.4%，从而使阴影下芦苇地适宜钉螺孳生，而林农生态系统内阴影下和光斑下的光谱成分差别不大，红外光的比例分别为 44.78% 和 40.21%，其比例远小于芦苇地阴影下 69.4%（表 7-6）。因此，林农复合生态系统的光谱特征对钉螺的孳生不利。

表 7-6　林地、芦苇地光谱成分比较

光谱成分	光斑下		阴影下	
	林地	芦苇地	林地	芦苇地
红外光	40.21	41.74	44.78	69.4
PAR	59.37	57.9	54.86	30.5
紫外光	0.36	0.3	0.29	0.18

从上面分析来看，钉螺适宜在植被阴影的散射光下生存。林农生态系统建立后，其间钉螺密度逐年下降，而对照区的芦苇滩地却逐年上升，这说明钉螺在红外光较多的环境条件下生存有利。

三、钉螺生理生化和结构变化

（一）氨基酸变化

每毫克钉螺组织中，滩地钉螺的 17 种氨基酸含量变化幅度在 1.5~20.9 微克。滩地与林农生态系统相比，钉螺体内各种氨基酸占样品中总氨基酸的百分比没有多大差别，均以谷氨酸、天氨酸、亮氨酸含量较高，蛋氨酸、胱氨酸含量较低。在雌螺中，林农生态系统钉螺的氨基酸含量只是滩地钉螺含量的 71.6%~82.8%，平均降低约 25%，以丙氨酸、丝氨酸、脯氨酸等含量降低较多，而胱氨酸、蛋氨酸两种含量略低于滩地钉螺，平均降低约 10.1%，以组氨酸、异亮氨酸等含量降低较多，而蛋氨酸和滩地钉螺基本相等（表 7-7）。由此可见，林农生态系统中钉螺组织中大多数氨基酸含量比滩地钉螺低，降低幅度以雌螺为大。

表 7-7　林农生态系统和滩地钉螺的氨基酸组成

氨基酸种类	滩地（B）		林农生态系统（AF）	
	微克 / 毫克（体重）	%	微克 / 毫克（体重）	%
谷氨酸	20.2	16.3	17.0	16.4
天冬氨酸	16.1	12.9	13.1	12.6
亮氨酸	11.1	8.9	9.2	8.8
丙氨酸	8.7	7.0	7.1	6.8
精氨酸	8.3	6.7	7.2	6.9
赖氨酸	8.1	6.5	7.0	6.6
甘氨酸	7.9	6.3	6.7	6.5
苏氨酸	6.4	5.2	5.1	4.9
缬氨酸	6.2	5.0	5.0	4.8
丝氨酸	6.1	4.9	5.0	4.8
苯丙氨酸	5.6	4.5	4.6	4.4
脯氨酸	5.2	4.2	4.4	4.2
异亮氨酸	4.6	3.7	3.5	3.4
酪氨酸	4.5	3.6	3.9	3.8
组氨酸	2.4	1.9	1.8	1.8
胱氨酸	1.5	1.2	1.5	1.5
蛋氨酸	1.5	1.2	1.8	1.8

从钉螺体内 17 种氨基酸组成分析中看到，天冬氨酸和谷氨酸含量的比例最大，达总氨基酸的 30% 左右，蛋氨酸和胱氨酸含量最低。由于林农复合系统生态环境的改变，引起了钉螺氨基酸的变化。不同性别的钉螺之间，氨基酸降低的幅度并不相同，雌性对外界环境变化则较敏感，林地较滩地钉螺氨基酸降低幅度稍大，成以脯氨酸、丝氨酸、丙氨酸降低最多（表 7-8）。这由于钉螺取食藻类及草本植物的营养来源发生变化所造成林地内钉螺单位体重氨基酸含量减少，引起营养不良，代谢失调，是螺口密度下降的原因之一。

表 7-8　林农生态系统和滩地钉螺氨基酸含量的差异

氨基酸	雌			雄		
	滩地（B）	林地（AF）	AF/B（%）	滩地（B）	林地（AF）	AF/B（%）
G（谷）	20.3	15.9		78.3	20.0	18.1
ASP（天冬）	16.4	12.3	75.0	15.7	13.9	88.5
Leu（亮）	11.3	8.6	76.1	11.0	9.8	89.1
Ala（丙）	8.8	6.9	71.6	11.0	9.8	90.7
Arg（精）	8.2	6.7	81.7	8.3	7.8	92.8
Lys（赖）	8.3	6.5	78.3	8.0	7.6	95.0
Gly（甘）	8.2	6.3	76.8	7.6	7.1	93.4

（续）

氨基酸	雌			雄		
	滩地（B）	林地（AF）	AF/B（%）	滩地（B）	林地（AF）	AF/B（%）
Thr（苏）	6.7	4.8	71.6	6.3	5.4	85.7
Val（缬）	6.3	4.8	76.2	6.1	5.3	86.9
Ser（丝）	6.4	4.7	73.4	5.9	5.3	89.8
Phe（苯丙）	5.7	4.4	77.2	5.4	4.8	88.9
Pro（脯）	5.4	3.9	72.2	5.0	4.9	98.0
Ile（异亮）	4.4	3.2	72.7	4.7	3.9	83.0
Tyr（酪）	4.5	3.7	82.2	4.5	4.1	91.1
Ris（组）	2.5	1.8	72.0	2.4	1.9	79.2
Cys（胱）	1.4	1.6	114.3	1.6	1.5	93.8
Net（蛋）	1.2	1.9	158.3	1.8	1.8	100

（二）蛋白质变化

滩地钉螺与林农生态系统钉螺相比，总蛋白质含量为高，雌螺高 36.9%（差异极显著差异），雄螺高 9.7%（差异不很显著）。

雌雄钉螺相比，滩地雌螺的总蛋白含量雄体高 29.3%（差异达显著水平），而林地雌螺只比雄螺高 3.6%（差异不显著）。由此可见，在滩地内，钉螺雌体比雄体含有较多的总蛋白质，但在林地内，雌雄钉螺之间在蛋白质含量上差别不大（表 7-9）。林农生态系统降低了钉螺体内的总蛋白质含量，尤其是雌体钉螺的总蛋白质含量，而雄体钉螺影响较小，这与前面的氨基酸分析结果类似。

表 7-9 林农生态系统和滩地钉螺的总蛋白含量（g/dL）

区组	滩地		林地	
	雌螺	雄螺	雌螺	雄螺
样本数	23	17	20	19
平均数	2.78 ± 0.56	2.15 ± 0.49	2.03 ± 0.53	1.96 ± 0.39

雌螺对林农生态系统所造成环境条件改变更为敏感，对于防治三滩血吸虫病有较大意义。影响的结果，轻者造成营养不良，不仅对其本身有影响，而且还影响胚胎的生长发育，导致产卵量下降和卵质降低，而卵质的下降，势必影响到卵的孵化率；重者，因蛋白质分解过量，代谢紊乱，生理功能失调，免疫能力下降，死亡增加。就滩地、林地氨基酸组成分析对比，林地里单位体重钉螺的氨基酸含量减少，但每种氨基酸占总氨基酸的相对比例没有变化，这说明蛋白质并没有发生质的变化，而是产生量的变化，就这一点来说，林地里钉螺营养不良可能是螺口密度下降的主要原因之一。

（三）转氨酶变化

据测定结果表明，雌雄钉螺之间在两种酶的活力上有较大的差别。谷草转氨酶（GPT）

和谷丙转氨酶（GOT）在滩地和林地两种来源的钉螺中，都是雌螺酶活力显著高于雄螺。两种酶的比活力上，林地螺比滩地螺大幅度增高，增高幅度在 40%~169% 之间。雌雄钉螺相比，其两种酶的比活力在不同环境条件下表现相反趋势，滩地上雄螺的两种酶的比活力较高，同样说明林地生态环境改变对雌螺影响较大（表 7-10）。

表 7-10　林农生态系统和滩地钉螺的谷丙转氨酶、谷草转氨酶活力和比活力

区组	滩地		林地	
	雌	雄	雌	雄
总蛋白（Tpr）（g/dL）	2.96 ± 0.67	2.19 ± 0.59	2.06** ± 0.48	1.97 ± 0.44
谷草转氨酶（U/dL）	647 ± 94.6	668 ± 82.9	816** ± 12.95	627 ± 92.7
谷丙转氨酶（U/dL）	234 ± 52.8	182 ± 48.0	317** ± 74.3	283** ± 45.8
GOT/Tpr（U/g）	55.1	79.3	148.7**	115.0
GPT/Tpr（U/g）	18.6	21.6	32.3**	29.4*

注：** 达极显著水平；* 达显著水平。

兴林垦种后，螺体转氨酶活性升高，差异显著。林地钉螺转氨酶升高可能有两个原因，一是属于生理性的，为应急外界环境变化，如营养不良等作为补偿，转氨酶活性升高，则更有利于利用食物中的碳水化合物转化成氨基酸；一个是病理性的，随生态环境改变，如食物组成、土壤微生物群落的改变等，使钉螺适应性降低，体质减弱，更易感染致病，从而促使螺体内转氨酶上升。如人的 GPT 主要存在于肝脏内，肝功能异常，酶释放至血液内，使血液内 GPT 活力提高，超过 40U/L 以上。据 Christie 等测定，感染血吸虫的钉螺转氨酶活性降低，杀螺剂烟酰苯胺也有抑制 GPT 活力的作用。

（四）超微结构变化

实验组钉螺采用林农间种实验区翻耕 2 年的滩面残存钉螺，以群体逸蚴法娃除阳性钉螺，选择螺龄相仿（7~8 旋）的成螺用于实验。对照组选用未实施林农间种干预措施，呈自然状态的芦滩钉螺。

实验结果，对照区钉螺肝腺管主要由 2 层细胞构成，腺腔游离面为棒状细胞层，其下即腺管基底部为颗粒细胞层。棒状细胞游离端伸入腺腔，细胞表面形成大量似珊瑚状带导管微绒毛，微绒毛聚集成纤毛，通过导管与胞体相通。胞浆内含有 2 种分泌颗粒，一种为高电子致密物质，较小而多；另一种为中等电子致密物质，较大而少，还有膜状结构相分隔的呈桑椹状结构，内含高电子致密物质。颗粒细胞核为单个，胞浆内含电子致密的分泌泡，精面内质网丰富。林农间种 2 年后实验区钉螺肝腺管棒状细胞表面微绒毛排列混乱、萎缩或断裂，胞浆内出现空泡样变或呈溶解状态，或胞浆固缩。高电子致密分泌物质增多。并呈聚集状或减少，上述病理改变呈散在性分布。

钉螺的肝脏作为最主要的消化腺，其颗粒细胞与棒状细胞均能产生和储备糖原、磷酸钙、尿素及胆色素等物质；可分泌消化酶，有助于食物的消化和营养的吸收。肝腺管壁的微绒毛，可增加营养物质的吸收界面，促进营养的吸收。电镜研究显示，林农间种实验区钉螺肝腺

管内棒状细胞微绒毛排列混乱、萎缩或断裂，胞浆内出现空泡样变或呈溶解状态或胞浆固缩等，势必会影响钉螺对营养的吸收和贮存。又通过组织化学与酶组织化学研究显示，间种后钉螺体内糖原含量明显减少，证实了上述结果。同时，螺内琥珀酸脱氢酶（SDH）、乳酸脱氢酶（LDH）活性的下降，又证明了残存螺体内糖代谢异常，以致"能源枯竭"，影响了钉螺的生存与繁衍。

可见，林下环境及其持续间种措施的干扰作用，对钉螺的结构与代谢具有显著的不利影响。

同样，在抑螺植物的作用下，钉螺的肝脏等器官结构也发生明显变化。透射电镜下观察显示，其肝脏内的线粒体、粗面内质网、以及膜结构均受到破坏，随着时间的增加，损害程度不断加大，最终导致肝功能衰竭，钉螺死亡（图7-7）。

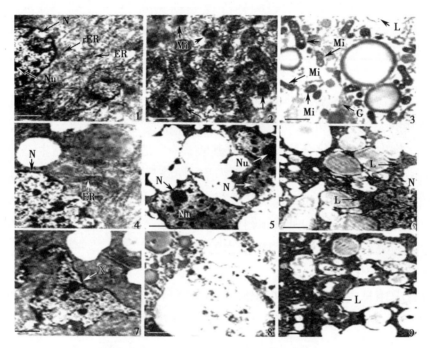

图 7-7　钉螺肝脏细胞的透射电镜观察

1~3. 正常肝脏细胞的透射电镜图：正常细胞的细胞核（N）呈不规则椭圆形，核仁（Nu）、线粒体（Mi）、高尔基体（G）清晰可见，内质网（ER）、粗面内质网（rER）丰富（Bar=30pm）。

4~6. 处理24h的钉螺肝脏细胞的透射电镜图：细胞核膨胀、核膜内折、崩解，出现溶酶体（L），线粒体数目减少，内质网指纹状排列（Bar=30pm）。

7~9. 处理48h的钉螺肝脏细胞的透射电镜图：仅残存的细胞核，出现不同形状大小的空泡，无完整细胞器、仅存残留片段（Bar=30pm）

（五）糖原含量的变化

从退水后到来年上水前，分不同时间从林地和滩地取活螺，进行糖原含量测定。

从图7-8中可见，从退水到来年上水前，林地和滩地钉螺糖原含量变化趋势一致。从11月份以后，钉螺体内糖原不断累积，到翌年1月份含量达最高。以后，随着湿度的逐步

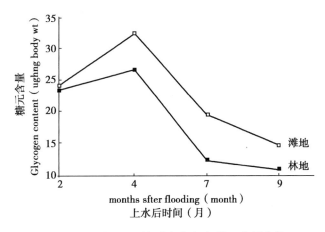

图 7-8　退水不同时间中钉螺钉螺糖原含量变化

增高，钉螺不断消耗体内贮存糖原，到 4 月份大幅度下降。4 月份以后，虽有食物可寻，但钉螺这时正处于生长繁殖时期，糖原消耗量较大，所以含量最低。

表 7-11　退水后不同时间林地和滩地钉螺糖原含量（微克 / 毫克体重）

退水后时间（年·月）	林地	滩地	林地螺下降幅度（%）
2 个月（1993.11）	23.19 ± 8.63	24.0 ± 7.49	4
4 个月（1994.1）	26.76 ± 7.13	32.54 ± 7.70	18
7 个月（1994.4）	12.30 ± 3.74	19.58 ± 5.14	38
9 个月（1992.6）	11.0 ± 3.86	14.90 ± 5.42	26

在退水后最初两个月内，林地和滩地钉螺体内糖原含量几乎没有多少差别，但在以后的时间内，林地钉螺糖原含量逐步下降，说明了林小生态环境的改变对钉螺影响有一定的时滞，在退水后 2~4 个月的糖原累积阶段，林地钉螺比滩地螺糖原降低 18%。到退水后 7 个月，糖原消耗较大。退水后 9 个月，林地糖原含量也有一定下降（26%），但降低幅度小于 1~4 月份之间（表 7-11）。糖原是动物能量的一种形式，从林地和滩地螺糖原含量分析可见，林地钉螺糖原含量明显下降。说明生态环境的改变对钉螺糖原贮备有较大影响。1~4 月，林地螺糖原含量降低最明显，这一时期，正是外界没有食物，钉螺体内正牌养分消耗阶段。我们知道，动物在越冬期靠消耗体内贮存养分——糖原来维持生命活动，养分的活龙活现民温度关系很大，湿度越高呼吸作用越强，糖原消耗越多；反之，则越低。林地内因冬天树叶落地，地面上覆盖厚层树叶，使林地温度高于芦苇滩地，所以造成螺体内养分消耗较多，糖原含量显著减少。

（六）生物化学物质作用

生物化学物质对钉螺有明显的抑制或毒杀作用，这在国内外生物综合防治杂志及刊物上已有报道。钉螺的孳生繁衍，除水分这一主要因素外，还需要一定的营养物质，补充其体内的氨基酸、糖原、蛋白质等构成螺体主要成分，并影响其体内谷丙转氨酶及谷草转氨酶的活力和比活力。在芦苇滩及草滩上，腐殖质丰富，钉螺有足够的营养物质可供摄取，赖以生存繁殖。

　　林农生态系统建立后，改变了滩地的生态环境条件，构成螺体基本物质的营养物质发生了很大变化，即氨基酸、糖原及总蛋白含量减低，主要转氨酶比活力发生变化，使得钉螺死亡率升高，平均密度大幅度下降。根据试验证明，在溪沟边种植枫杨、乌桕两树种，或在滩地造林进行间种，对钉螺有明显抑制作用，使其密度显著下降。这是由于枫杨、乌桕树叶的化学成分可使钉螺糖原含量下降，谷丙转氨酶及谷草转氨酶比活力发生变化，导致钉螺死亡率升高。进一步研究还发现：枫杨、乌桕树叶含有一些毒性物质，如没食酸、异槲皮素等。当这些生化物质在地表积累到一定浓度时，可造成钉螺营养摄取障碍，使得钉螺体内糖原含量下降，能量储存过程受阻，转氨酶比活力变化，蛋白质分解加快，以致钉螺体构成成分总蛋白含量下降，死亡率升高。

　　具有生化抑螺作用的植物，还有苦楝、喜树、无患子、漆树、皂角、闹羊花（黄杜鹃）、醉鱼草、马钱、樟树等树种。林下植物有石蒜、乌头、芫花、毛茛、白头翁、蛇莓、益母草、酸模叶蓼、紫云英、打碗花、半边莲等草本植物。这些树种和林下植物大多为药用植物，其化学成分均具有杀虫抑螺作用。滩地造林在不同林龄和郁闭度阶段，其林下植物种类随着光照强弱的变化会有所改变，当幼林期，林中间距大，通风透光，可间种农作物，经过耕翻除草，抚育管理，改善土壤结构，减低土壤含水率，林地整洁，使钉螺不能孳生和滞留。当成龄郁闭后，不适宜间种农作物时，可种植与钉螺呈负相关的药用植物，这些植物的生化成分能抑制钉螺孳生或起毒杀作用。这也是兴林抑螺的生物防治独特手段。

第八章 抑螺防病林主要树种病虫害防治

　　抑螺防病林的营建是一项复杂的生物系统工程，必须要集约经营，加强对林木的保护和管理，保证林木良好生长，这样才能充分发挥抑螺防病林的抑螺防病功能以及经济和生态效益。

　　对于抑螺防病林来说，林木抚育管理一个极其重要的方面就是病虫害防治。滩地冬陆夏水的自然条件，决定了抑螺防病林的主要造林树种为杨树和柳树，而杨、柳两树种的病虫害既较普遍又较严重。在杨、柳生长过程中，常因各种食叶、蛀干、烂皮等病虫害，严重影响林木的生长和材质，造成巨大的经济损失。在沿江地区，杨、柳虫害的威胁往往比病害更为严重。根据调查，杨、柳主要虫害有桑天牛、光肩星天牛、云斑天牛等蛀干害虫；有杨扇舟蛾、杨小舟蛾、杨黄卷叶螟、分月扇舟蛾、柳兰叶甲、杨二尾舟蛾、杨毒蛾等食叶害虫（表8-1）。杨、柳病害有溃烂病、烂皮病等。其他常见树种的病虫害有乌桕黄毒蛾、大袋蛾、小袋蛾等。

表 8-1　杨柳主要害虫危害情况

害虫种类		杨黄卷叶螟	杨扇舟蛾	杨二尾舟蛾	杨毒蛾	大造桥虫	杨枯叶蛾	黄刺蛾	分月扇舟蛾	杨小舟蛾	大袋蛾	皱背叶甲	柳长翅叶甲	光肩星天牛	桑天牛	柳蓝叶甲	云斑天牛	柳瘿蚊
危害	树种	杨	杨	杨	杨	杨	杨柳	杨柳	杨柳	杨柳	杨柳	杨柳	杨柳	杨柳	杨	柳	柳	柳
	部位	叶	叶	叶	叶	叶	叶	叶	叶	叶	叶	叶	叶	干	干	叶	干	干
	程度	重	重	中	中	轻	轻	轻	中	中	中	重	重	重	重	轻	轻	轻

　　抑螺防病林的病虫害防治，应贯彻预防为主，综合防治的方针。在造林设计时就注意营造混交林，尽可能形成多树种林分结构，以防治病虫害;同时设计营造柳树等作为引诱树，以引诱杨树的害虫并对其进行头木作业，每2年1次，主干保留2米，如此等等，形成了以营林技术为基础，加强病虫检疫和预测预报，大力推广生物防治，合理使用农药，有机结合物理防治及人工防治等综合防治措施，从而达到有效控制病虫害的目的。由于沿江滩地抑螺防病林面积广，病虫害的防治，要成立专门机构，进行预测预报，及时发现，及时防治，勿使蔓延成灾。现就长江中下游沿江滩地抑螺防病林主要树种常见的虫害、病害种类介绍如下。

一、主要林木害虫

（一）桑天牛 *Apriona germari* Hope

1. 寄主与为害

为害多种林木及果树。主要有桑树、杨树、柳树、榆树、刺槐、枫杨、苹果、海棠、梨、枇杷、柑橘等。此虫为严重发生的林木蛀干害虫之一，且逐年呈上升趋势。幼虫钻进枝干，造成枝干枯萎，树势衰弱，甚至整枝死亡。成虫在补充营养时，啃食新枝树皮，使枝梢凋萎枯死。

2. 形态特征

成虫：体长 34~46 毫米，体及鞘翅黑色，密被黄褐色短毛，头顶隆起，中央深凹呈 1 纵沟。触角鞭状 11 节。前胸近方形，背面有明显横皱纹，两侧各有 1 个刺状突起。鞘翅基部密布颗粒状小黑点。雌虫腹末 2 节下弯。

卵：长椭圆形，黄白色，长 5~7 毫米，前端较细略弯曲。

幼虫：圆筒形，乳白色，体长 45~60 毫米，头小，黄褐色，隐入前胸内，上颚黑褐色。前胸大，胸背板后半部密生赤褐色颗粒状小点，向前伸展呈 3 对尖叶状纹。后胸部至第 7 腹节背、腹两面各有扁圆形突起，其上密生赤褐色粒点；前胸至第 7 腹节腹面，也有突起，中有横沟分为 2 片。

蛹：纺锤形，黄白色，长 50 毫米左右。触角后披，末端卷曲。翅芽伸达第 3 腹节。腹部 1~6 节背面两侧各有 1 对刚毛区。

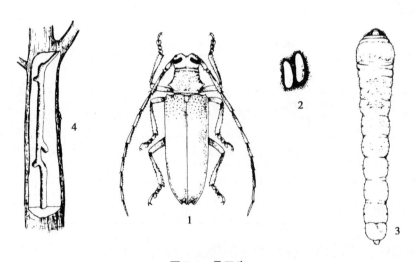

图 8-1 桑田牛

1.成虫　2.卵　3.幼虫　4.枝干蛀道

3. 发生规律

桑天牛在长江流域各省 2 年 1 代。以幼虫在枝干蛀道内越冬。6 月中旬至 7 月成虫大量羽化。成虫取食新枝树皮及嫩叶、嫩芽，进行补充营养。成虫经 10~15 天补充营养后，就开始交尾产卵，卵产在直径 5~35 毫米的枝干上，以直径 10~15 毫米的枝条上最多。产卵前，雌虫先在枝干上咬一呈 "U" 形的产卵刻槽，再产卵其中，每刻槽产卵 1 粒。卵期约 2 周，

7月下旬至8月幼虫大量孵化，在枝干内蛀食为害至越冬。

成虫飞翔能力弱，行动迟缓，有假死性。产卵多在夜间，每夜能产卵3~4粒，每雌虫可产卵100余粒。幼虫沿枝干木质部的一边往下蛀食直到根部。幼虫在蛀道内，每隔一定距离向外咬一圆形排泄孔，粪便即由虫孔向外排出。排泄孔一般在同一方位，孔数为15~19个。幼虫在蛀食为害期间，多在下部排泄孔处。幼虫老熟后，即沿蛀道上移，超过1~3个排泄孔，先咬成羽化孔雏形，向外达树皮边缘，使树皮出现臃肿或断裂，常见树液外流。此后，幼虫又回到蛀道内选择适当位置（一般距离蛀道底75~120毫米）做蛹室化蛹，蛹室距羽化孔70~120毫米，羽化孔圆形，直径为11~16毫米。幼龄幼虫粪便呈红褐色细绳状，大龄幼虫粪便为粗大锯屑状。

4. 防治方法

杨、柳、枫杨等树种受天牛为害，严重时，可造成树木成片枯萎死亡。所以对天牛的防治，应列为重要经营管理措施。

（1）加强检疫和测报工作。对调进树苗及原木进行检查和处理，防止害虫传入。对林地定期检查，掌握虫情，发出预报，科学制订防治计划。

（2）营林技术防治。

①适地适树营造混交林，可采用带状或块状混交方式，既利于天敌繁殖，又可作为阻隔带，防止天牛扩散。

②设计栽植柳树等作为引诱树，以引诱危害杨树的桑天牛减轻对杨树的危害。

③加强抚育管理，在成虫产卵期，树木生长迅速，可使刻槽内产卵和初孵幼虫大量死亡。

④清除严重被害的树木或枝干，并将林内的枯立木、濒死木、风折木等及时伐除，运出林地集中处理。沿江滩地原有枯衰柳树林，应进行卫生伐，清除虫害木，杜绝传播源。林地附近的桑、构等桑科树种为桑天牛营养来源，应予清除。

（3）人工防治。成虫飞翔能力不强，在成虫发生期，可发动群众捕捉。同时检查枝干产卵刻槽，用小锤对准刻槽击杀虫卵和初孵幼虫。

（4）保护和利用天敌。保护和人工招引啄木鸟，如招引大斑啄木鸟，防治光肩星天牛和桑天牛；也可利用花绒坚甲，此种天敌寄生于天牛幼虫体上；还可使用白僵菌和绿僵菌，防治天牛幼虫。

（5）化学防治。

①药液涂抹或喷洒于枝干刻槽处，虫卵及幼龄幼虫期适用。

②毒签堵孔或药液注射，对侵入木质部的大幼虫适用。

③灭幼脲Ⅲ号防治成虫。用25%灭幼脲Ⅲ号1000~2000倍液，于成虫期喷雾防治，有利于大面积林区天牛的防治并可兼治杨树多种食叶害虫。

④其他药剂防治成虫。利用成虫补充营养习性，与成虫羽化期，使用常用药剂500~1000倍液，喷射树冠及枝干，毒杀成虫。

应用药剂防治虫害时，应尽量避免或减少对江水的污染。

（二）光肩星天牛 *Anoplophora glabripennis* Motschulsky

1. 寄主与为害

主要危害杨、柳、榆、枫杨、苦楝等多种林木及果树。该虫是一种严重发生的蛀干害虫，尤以杨树为甚。长江流域各省杨树林也普遍发生，受害树木的木质部及韧皮部被幼虫蛀空，阻碍养分、水分输送，造成树干风折或整株枯死。

2. 形态特征

成虫：体长 17~39 毫米，雄虫略小。体黑色，有光泽。头部中央自头顶至唇基，有 1 条纵沟。触角鞭状。前胸两侧各有 1 个刺状突起，鞘翅上各有大小不等的由白色绒毛组成的斑点 20 个左右，鞘翅基部光滑无小突起。雌虫触角约为体长的 1.3 倍；雄虫触角约为体长的 2.5 倍，末节端部黑色。

卵：长椭圆形，两端稍弯曲，长约 5.5~7 毫米，乳白色，近孵化时变黄色。

幼虫：初孵化时幼虫乳白色，取食后呈淡红色，头部呈褐色。老熟幼虫带黄色，体长约 50 毫米，头宽约 5 毫米，头盖 1/2 缩入前胸内。唇基至上唇淡黄褐色，唇基呈梯形，上唇半圆形；前胸大而长，其背板黄白色，前缘黑褐色，后半部有一大的深色凸字形斑纹。

蛹：裸蛹，体长 25~37 毫米，宽约 11 毫米，乳白色至黄白色。

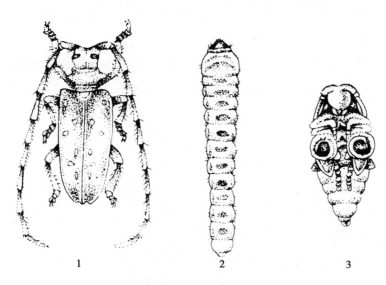

图 8-2 光肩星天牛
1. 成虫　2. 幼虫　3. 蛹

3. 发生规律

长江流域一带，一般 1 年发生 1 代，少数 2 年 1 代。越冬幼虫翌年 3 月下旬开始取食为害，4 月下旬开始在蛀道末端做蛹室，约经 20 天左右化蛹。蛹期 15~20 天，成虫羽化后，在侵入孔上方咬羽化孔飞出。5 月中旬成虫始见，6 月下旬至 7 月下旬为成虫出现盛期。成虫飞出后需补充营养，取食杨、柳等树种的叶柄、叶片及小枝皮层。10~15 天即进行交尾，7 月份为产卵盛期。成虫多选择枝干分叉处，咬 1 个椭圆形产卵刻槽，每刻槽产卵 1 粒，并分泌胶粘物将刻槽封塞。卵经 11 天左右孵化。11 月上中旬幼虫进入越冬期。少部分成虫在 9 月、

10 月份产的卵，即在刻槽内越冬，至第 2 年孵化。

光肩星天牛成虫期长，无趋光性，飞翔能力较弱，易发现和捕捉。一般在立地条件差、长势弱的林分发生多；疏林地比密林地、林缘比林内受害重。

此外，还有 1 种林木上重要的天牛——星天牛 *Anoplophora Chinensis* Forster，成虫与光肩星天牛极相似，主要区别是星天牛成虫鞘翅基部具有瘤状颗粒。其寄主、分布、发生规律、防治方法与光肩星天牛相似。

防治方法参照桑天牛防治法。

表 8-2 天牛为害与防治效果

害虫种类	时间（年、月）	面积（公顷）	虫株率（%）	备注
光肩星天牛	1991.8	60	30	柳树附近
	1994.10	60	<1	防治后
	1994.8	2.6	100	杂交柳
桑天牛	1990.10	20	25	杨树幼林
	1994.10	20	<1	防治后
	1994.6	6.6	30	1994 年栽

（三）云斑天牛 *Batocera horsfieldi* Hope

1. 寄主与为害

为害杨、柳、榆、板栗、乌桕、枫杨、苹果、枇杷等林木及果树。此虫是林木主要蛀干害虫之一，以幼虫蛀食树干韧皮部和木质部，轻则树势衰弱，重则全株枯死。成虫补充营养时，啃食树冠新枝皮层，使新枝梢损伤以致枯死。

2. 形态特征

成虫：体长 32~65 毫米，宽 9~20 毫米。前胸背板中央有 1 对白色或橘黄色肾形斑，两侧中部各有 1 大而尖锐的刺突。每 1 鞘翅上有白色或浅黄色绒毛组成的斑纹 10 余个，排成 2~3 纵行。鞘翅基部有大小不等的瘤状颗粒。

卵：长椭圆形，稍弯，长 6~10 毫米，初产卵乳白色，渐变为黄白色。

幼虫：老熟幼虫体长 70~80 毫米，乳白至黄白色。前胸硬皮板有 1 呈"凸"字形褐色斑，褐斑前方近中线处有 2 个黄白色小点，小点上各生刚毛 1 根。

蛹：裸蛹，体长 40~70 毫米，淡黄白色，腹部 1~6 节背面中央两侧密生棕色刚毛，腹末端锥形，锥尖斜向后上方。

3. 发生规律

2 年发生 1 代。翌年 5 月上旬越冬成虫咬 1 圆形羽化孔爬出，6 月上旬左右为成虫出现盛期。6 月中旬左右成虫大量产卵，卵经 10~15 天孵化幼虫，7 月上旬为孵化盛期。幼虫为害至 10 月下旬以后即在蛀道内越冬。第 2 年 3 月上旬越冬幼虫又开始活动取食，7 月下旬在蛀道顶端作 1 椭圆形蛹室。蛹期约 30 天，9 月成虫羽化，即在蛹室内越冬。

成虫在晚上咬羽化孔爬出，啃食新枝嫩皮补充营养，受惊动时，便会坠落地面。晚间

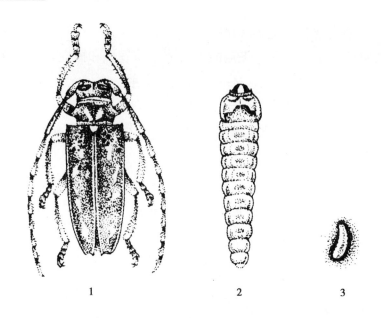

图 8-3　云斑天牛
1. 成虫　2. 幼虫　3. 卵

交尾产卵。雌虫先在树干上咬 1 圆形刻槽，然后将产卵管插入小孔，产卵 1 粒于刻槽上方，随即分泌黏液黏合孔口。每雌虫产卵量 30~40 粒，在胸径 10~20 厘米的树干上产卵较多。初孵幼虫在树干韧皮部蛀食。20~30 天后，逐渐侵入木质部，向上蛀食，蛀道长约 25 厘米左右。

防治方法可参照桑天牛防治法。

另外，云斑天牛成虫在晴天中午有下树栖息树干基部附近的习性，易于人工捕杀。此虫产卵部位较低，产卵刻槽明显，有利于防治措施实施。

（四）杨扇舟蛾 *Clostera anachoreta* Fabricius

1. 寄主与为害

为害各种杨树，也为害柳树。幼虫食叶，3 龄前幼虫吐丝缀叶成苞，群集其内取食，3 龄后分散，取食全叶，常猖獗发生，能在短期内将叶吃光，杨树严重受害。

表 8-3　安徽省怀宁县红星乡南埂林场杨扇舟蛾为害情况

大发生（年、月）	面积（公顷）	虫株率（%）	单株虫口（头）	叶被食率（%）	林分
1993.7	20	100	300	70	场部对面杨树林
1994.7	26.6	100	1000	100	同上
1994.7	46.6	80	200	50	同上

2. 形态特征

成虫：雌蛾体长 15~20 毫米，翅展 34~43 毫米；雄蛾体长 13~17 毫米，翅展 23~37 毫米。前翅有 4 条灰白色横纹，顶角有 1 较大的暗褐色扇形斑，斑下方有 1 黑色圆点。

卵：扁圆形，直径约 1 毫米，初产时橙红色，后变紫色，孵化前为紫褐色。

幼虫：老熟幼虫体长 32~40 毫米，头黑褐色，体灰赭褐色，被白色细毛，体背面灰黄绿色，背线、气门上线和气门线灰褐色。腹部第 2 及第 8 节背面中央各有 1 个较大的红黑色毛瘤，

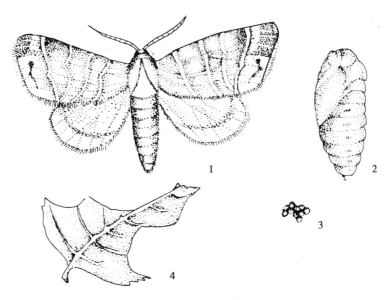

图 8-4　杨扇舟蛾
1. 成虫　2. 蛹　3. 卵　4. 被害叶

两侧各伴有 1 个白点，每节着生有环形排列橙红色毛瘤 8 个。

蛹：褐色，体长 13~18 毫米，尾端尖削分成 2 叉。茧椭圆形，灰白色。

3. 发生规律

每年发生的世代数在我国不同地区差异较大。安徽、江西、湖南 1 年发生 5~6 代。以蛹在薄茧内越冬。翌年 4 月上旬开始羽化成虫，以后各代成虫，羽化期分别为 5 月下旬、7 月上旬、8 月上旬和 8 月下旬。9 月为第 5 代幼虫发生期，10 月上旬开始老熟幼虫陆续化蛹越冬。

成虫有趋光性。卵通常产于叶背，单层排列成块状，每雌虫产卵多在 200~300 粒。幼虫共 5 龄，初孵幼虫群集，取食叶肉，2 龄吐丝缀叶成虫苞，隐藏取食，3 龄后分散，卷叶隐藏，夜间或阴天外出取食，可将全叶吃光。5 龄老熟幼虫结茧化蛹。

4. 防治方法

（1）施草甘膦及林农间种。施草甘膦，除去芦苇等林下植物，清理枯枝落叶，能减少害虫越冬场所。间种油菜、小麦等，既能增加收入又能降低虫口。

（2）性引诱及灯光诱杀。利用性成熟但尚未交尾的雌虫活体或性信息素粗提液，装入立体对口喇叭式诱捕器，适时诱捕，可把大量雄虫消灭在交尾前。连续布设黑光灯并实行持续诱捕，防治效果在 50%~70%。

（3）生物防治。喷白僵菌可防治幼虫。杨扇舟蛾幼虫常感染颗粒体病毒，死后呈倒 "V" 字形，悬吊在叶柄或小枝上。收集死虫放入冰箱。用死虫体∶水 =1∶5000 的比例，喷杀该幼虫。

（4）化防幼虫。喷洒敌百虫 1000 倍液或敌虫菊酯 3000 倍液，防治幼虫。

（五）黄翅缀叶野螟（又名杨黄卷叶螟）*Botyodes diniasalis* Walker

1. 寄主及危害

危害各种杨树，大发生时可把成百上千亩新老叶子吃光。

2. 形态特征

成虫：体长 11~13 毫米，翅展 27~31 毫米，体翅橙黄色，前翅具灰褐色断续的波状纹及斑点，中室有端脉有一暗褐色肾形斑，其中间为白色，后翅褐黄色，外横线弯曲，亚外缘线亦弯曲，外侧淡红色。雄蛾腹部末端有一束黑毛。

卵：扁圆形，乳白色。

幼虫：老熟幼虫体长 15~21 毫米，黄绿色。头两侧近后缘一褐色斑点，胸部两侧亦具褐色斑点。

蛹：紫红色，长 14~16 毫米，外补一层白色薄茧。

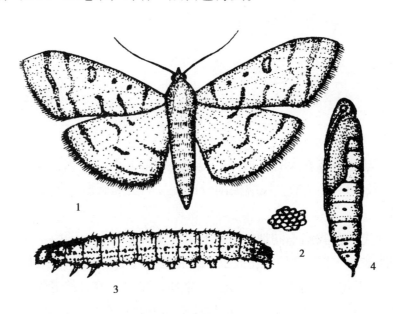

图 8-5 黄翅缀叶野螟
1.成虫　2.卵　3.幼虫　4.蛹

3. 发生规律

安徽省 1 年 5~6 代，世代重叠。越冬幼虫 4 月上树取食，5 月下旬羽化，以后各代成虫盛发期为 6 月下旬、7 月下旬、8 月中旬、9 月下旬、10 月中旬发生部分第 5 代成虫。成虫趋光性强。卵产于叶背，块状。每雌虫产卵 250~350 粒。初孵幼虫分散啃食表皮，后吐丝缀嫩叶呈饺子状，或在叶缘吐丝，将中间折叠在其中取食，长大后群集顶梢缀叶取食。幼虫披行能力很强。10 月下旬幼虫在落叶、地被物及树皮缝隙结茧越冬。

4. 防治方法

（1）用黑光灯诱杀成虫，用一盏 20W 交流荧光灯加一只 40W 白炽灯，能有效诱捕，半径达 100 米。

（2）用 80% 敌敌畏乳剂 800 倍液或 3000 倍液敌虫菊酯毒杀幼虫。

（3）用绿宝牌喷烟机将 1 份敌虫菊酯及 10 份柴油制成烟剂，在晴天、微风、气温及相对湿度低的傍晚，尤其在清晨日出前，利用逆温层放烟效果较好。上水期间，船载烟雾机放烟。1 亩地用 10g 药。在 5 月底、6 月初、7 月上旬及 8 月上旬，防治初孵幼虫效果显著。

（六）分月扇舟蛾 *Clostera anastomosis* Linnaeus

1. 寄主及危害

主要危害杨、柳。世代多产卵量大,而且适应长江中下游高温多雨的气候,成灾可能性大。

2. 形态特征

成虫:体长 12~18 毫米, 翅展 27~46 毫米。体翅灰褐色, 头顶和胸背中央黑棕色, 前翅有 3 条灰白色横线, 扇形斑模糊, 红褐色, 亚外缘线由 1 列黑点组成。中室外端有 1 个圆形褐斑, 被一条灰白线对分。

卵:半球形, 直径 0.6 毫米, 红褐色, 有两条灰白色平行条纹。

幼虫:长 35~40 毫米。头部黑色, 中、后胸和腹部第 2 节背面各有突起两个。腹部第 1 和 8 节背面中央, 各存 1 个大型瘤。

蛹:红褐色, 长 15~18 毫米, 臀棘端分叉。

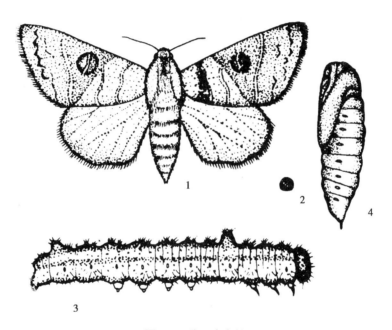

图 8-6　分月扇舟蛾
1. 成虫　2. 卵　3. 幼虫　4. 蛹

3. 发生规律

上海市 1 年 6~7 代,湖南省 1 年 7 代。越冬卵于 4 月上旬开始孵化,初孵幼虫群集危害,吃食叶肉, 3 龄以后分散取食, 将叶片食尽, 仅留叶柄。5 月下旬化蛹, 5 月下旬至 6 月上旬成虫羽化。以后基本每月 1 代, 12 月上旬最后 1 代成虫羽化, 产卵于枝干上越冬。

4. 防治方法

（1）利用初孵幼虫的群集习性, 及时摘除虫叶集中消灭。另外, 卵块极易发现, 可摘除有卵块的叶片消毁。

（2）幼虫期可喷洒敌百虫 1000 倍液或敌虫菊酯 3000 倍液。

（3）利用黑光灯诱杀成虫。

（七）柳蓝叶甲（柳长翅叶甲类似）*Plagiodera versicolora* Laichart

1. 寄主及危害

危害各种柳树、杨树。成虫、幼虫均食叶危害。7~9月早口密度大危害重，几乎无一完整叶片。

2. 形态特征

成虫：体长3.5~5毫米，椭圆形深蓝色，具有金属光泽，前胸背板光滑，鞘翅上密布不规律细点刻。

卵：长椭圆形，长0.8毫米，橙黄色。

幼虫：体长5~7毫米，扁平，后胸到第2腹节最宽，向后渐窄，头黑色，胸部2、3节背面有6个黑色毛瘤，腹部各节有4个毛瘤。

蛹：椭圆形黄褐色，腹部背面有4列黑斑。

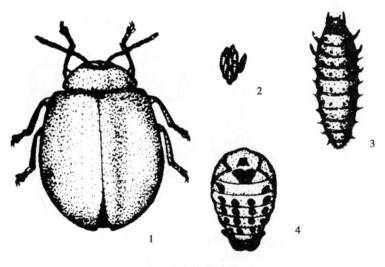

图8-7 柳蓝叶甲
1.成虫 2.卵 3.幼虫 4.蛹

3. 发生规律

安徽省1年8~9代。以成虫在土缝或地被物越冬。4月上旬上树群集取食。成虫有假死性，爬行能力强，食量大，致使叶片缺刻穿孔。每雌虫产卵250~400粒。1~2龄幼虫群集取食，3龄分散取食叶肉，残留网状叶脉和上表皮，叶片卷曲枯死。5月下旬，几乎每片叶子都有数个缺刻穿孔。成虫寿命长，发生世代多，重叠严重。10月下旬成虫陆续越冬。

4. 防治方法

（1）间种冬季作物或清除体内、林边杂草，以冻死越冬成虫。

（2）喷洒敌百虫800~1000倍液或敌虫菊酯3000倍液，毒杀成虫、幼虫。

（3）施用敌虫菊酯烟剂。

（八）杨毒蛾 *Leucoma candida* Staudinger

1. 寄主与为害

主要为害各种杨树、柳树，大发生时，将大面积杨树林和护田林带杨树叶全部吃光，形如火烧，影响林木生长，甚至造成林木成片地死亡。

2. 形态特征

成虫：体长 18~24 毫米，翅展 36~60 毫米，全身被白绒毛，稍有光泽。复眼黑色，雌蛾触角栉齿状，雄蛾触角羽状。

卵：馒头形，初产时为灰褐色，孵化前为黑褐色。卵成块状，上面覆盖灰色胶状物，外表不见卵粒。

幼虫：老熟幼虫体长 30~50 毫米，黑褐色。冠缝两侧各有黑色纵纹 1 条，第 1、2、6、7 腹节背面有黑色横带。体每节均有黑色或棕色毛瘤 8 个，形成一横列。

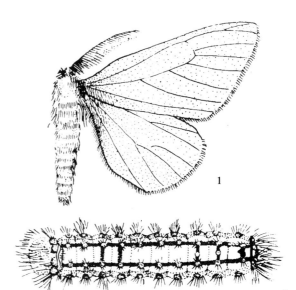

图 8-8　杨毒蛾
1. 成虫　2. 幼虫

蛹：体长 16~26 毫米，棕褐色，有光泽，体每节保留着幼虫期毛瘤的痕迹，上密生黄褐色长毛，腹端有黑色臀棘一组。

3. 发生规律

长江流域 1 年发生 2 代，以幼龄幼虫在树皮缝下污白色小茧内越冬，翌年 3 月下旬开始取食。5 月下旬越冬代幼虫老熟化蛹，6 月上中旬羽化，第 1 代幼虫于 6 月中旬发生，8 月上旬化蛹，第 2 代幼虫于 9 月上旬发生，10 月上旬进入树缝、树洞内作小薄茧越冬。成虫具趋光性，每雌蛾可产卵 400~600 粒。幼虫取食嫩叶叶肉，夜间上树危害。此虫世代重叠，各虫态互相交错，极不整齐。各代幼虫期被各种鸟类、捕食性昆虫、小茧蜂、伞裙追寄蝇等制约，尤其是越冬代的虫口常显著减少。

4. 防治方法

（1）搜杀树干基部潜伏的幼虫、蛹。

（2）黑光灯诱杀成虫。

（3）利用其白天潜伏习性，于树干、干基喷撒 2.5% 敌百虫粉剂毒杀幼虫，用 90% 晶体敌百虫 800~1000 倍液喷洒树冠。

（4）营造混交林，积极保护和利用天敌。

（九）大袋蛾 *Cryptothelea variegata* Snellen

大袋蛾又称大蓑蛾、避债蛾，属鳞翅目、袋蛾科。分布于我国山东、河南、安徽、江苏、浙江、江西、湖北、湖南等地。

1. 寄主与为害

大袋蛾是典型的多食性害虫，可为害 32 科、100 多种林木及果树，主要有榆、柳、枫杨、水杉、苹果、柑橘等。

2. 形态特征

成虫：雌雄异态，雄虫体长 15~20 毫米，翅展 35~44 毫米，体翅暗褐色，前翅近外缘有

4~5个透明斑。雌成虫体长 22~30 毫米，无翅，肥胖、蛆状，乳白色。

　　卵：椭圆形，黄色，长径 0.8 毫米，短径 0.5 毫米。

　　幼虫：3 龄开始可分辨雌雄。雌性老熟幼虫体长 25~40 毫米，粗肥，头赤褐色，胸背红褐色。雄性老熟幼虫体长 18~25 毫米，头黄褐色，中央有一淡黄白色"八"字形纹。

　　蛹：雌雄异态，雌蛹蝇蛆状，长 28~32 毫米，头平缩，头胸附器均消失。雄蛹长 17~24 毫米，胸背隆起，翅芽伸达第 3 腹节后缘，尾部具 2 枚小臀棘。

　　袋囊：纺锤形，长 40~70 毫米，丝质坚实，灰褐色，囊外附有较大的碎叶片及少数排列零散的枝梗。

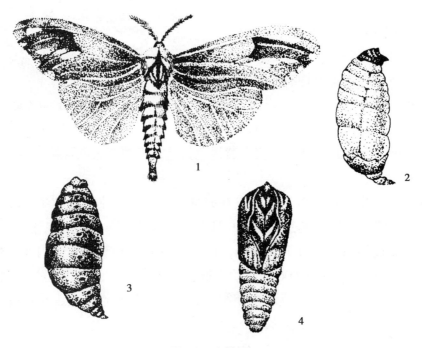

图 8-9　大袋蛾
1. 雄成虫　2. 雌成虫　3，4. 蛹

3. 发生规律

　　大袋蛾在我国长江流域及淮河流域均为 1 年 1 代。越冬幼虫翌年春季一般不再活动取食，5 月上旬为化蛹盛期，下旬为羽化盛期。6 月上旬为孵化盛期，直至 11 月以老熟幼虫封囊越冬。

　　成虫羽化后当晚即行交尾后，次日雌虫在袋囊内产卵，一般每雌虫可产卵 2000~4000 粒。幼虫孵出后即做袋囊。1 龄袋囊呈铆钉状，2 龄袋囊集中悬垂于枝条外围叶部边缘，3 龄后即扩散至全树，分散取食。10 月下旬，幼虫陆续爬向树冠上部枝条顶端，以丝束紧紧缠绕在小枝上。

　　大袋蛾一般在干旱年份易猖獗成灾。成虫趋光性强，多在光照充分的枝条上活动危害，林缘虫口常较林内显著增多。幼虫取食树种不同，营养状况不一，被取食叶片的杨树死亡率较高。

4. 防治方法

（1）人工防治。初龄幼虫群集于树冠外围的枝叶边缘为害，易于发现，可及时剪除虫枝，消灭幼虫。冬季树叶落光，树上袋囊暴露无遗，可摘除消灭。

（2）生物防治。加强各种寄生性、捕食性天敌，来灭杀达袋蛾。

（3）化学防治。掌握在 3 龄以前喷药，可喷 90% 晶体敌百虫 1000 倍液、2.5% 溴氰菊酯 5000 倍液等。还可应用树干打孔注射久效磷等内吸剂的方法防治大袋蛾，效果良好。

二、主要林木病害

（一）杨树溃烂病

杨树溃烂病又称水泡性溃疡病。主要危害杨树，特别是幼树受害更重。长江中下游一带及其以北地区，杨树行道树、防护林，株发病率在 15% 左右。

1. 症　状

该病多发生在树干基部向上 1 米高左右的范围，在皮孔周围，出现似沸水烫伤的水泡，圆形，直径 0.2~1.5 厘米，其中充满淡褐色液体，小泡破裂，液体外流，风干时，变成锈褐色，病斑干瘪下陷，或附近又出现新的水泡，同时皮层腐烂变褐。4 月份病斑上散生许多细小黑斑点，当病斑包围树干时，上部即枯死。5 月下旬病斑停止扩展，周围形成隆起的愈伤组织，中央部分开裂，呈典型的溃疡状。11 月上旬，老病斑处出现粗粒状黑点，即病菌子座及子囊壳。

1　2

图 8-10　杨树溃疡病
1. 病树上水泡　2. 病树上溃疡斑

2. 发生规律

病菌主要由伤口、皮孔侵入，潜育期约 1~2 月，在病斑组织内越冬，翌年春自病株向外扩散。病害于 4 月底发生，5 月底至 6 月为发病高峰，7 月下旬至 8 月病势渐轻，9 月又进入高潮，10 月中旬以后逐渐停止。

病害发生与当年气候有关，如冬季温暖，早春气温回升快，病害发生较早。在发病后遇阴雨天，病斑往往大量涌现，凡树木生长衰弱，或移植后未恢复生长势的，易感染此病。

3. 防治方法

（1）及时清理病株、病枝，以减少侵染的病源。

（2）严格检疫调运的苗木，减少伤根、伤干，控制病菌的侵染和蔓延。

（3）发病轻的地方，可于 4 月病害发生前，结合树干涂白，使用波尔多液、石硫合剂涂刷伤口；也可在 7 月下旬，至 8 月上旬孢子飞散前后，用波美 0.5 度的石硫合剂或 1% 波尔多液喷洒树干，有较好防治效果。

（二）杨树烂皮病

杨树烂皮病是杨树最严重的树干病害，尤以 3~5 年生的幼树受害最多，成为造林的主要限制因子之一，该病以淮河流域及长江流域以北地区较为常见，长江以南则较少见，除为害杨树以外，还危害柳树、桑树、板栗、槭树等树种。

1. 症 状

病害发生在树干及枝条上，表现为干腐和枯梢两种类型。干腐型主要发生在主干及大枝上，初期生暗褐色水渍状病斑；后期在病斑上出现多数针头状黑色小突起。受害树皮的韧皮部或内皮层，常呈褐色或暗褐色，糟烂如麻状，腐烂部位有时可深达木质部。当病斑迅速扩大并绕干一周时，病斑以上枝条即枯死。

枯梢型比较少见，主要发生在 1~4 年生幼树或大树枝条上。初期病部呈暗灰色，以后迅速扩展，环绕枝条一周便引起枝梢枯死。

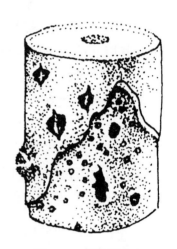

图 8-11 杨树烂皮病

2. 发生规律

病菌以菌丝、分生孢子器或子囊壳在病部越冬，翌春 3~4 月，以分生孢子或子囊孢子，借风、雨和昆虫传播，通过各种伤口（修枝伤口、枯死枝条、冻裂、日灼、虫伤等）侵入寄主危害。

此病在每年 3~4 月开始发生。各地气候不同，发病迟早也不同。安徽省在 3~4 月开始活动，5~6 月是病害的盛发期，7 月后病害渐趋缓和，至 9 月份基本停止。病害的潜育期一般为 6~10 天。

该病是一种弱寄生菌，只能侵染生长不良、树势衰弱的林木，因此，病害的发生与林木生长状况有密切关系。

3. 防治方法

（1）选择适应性强的树种或品种，保持正常生长，以减低烂皮病的发生。

（2）加强抚育管理，促使杨树健壮生长，提高抗病力，在郁闭前，进行除草松土。在郁闭后，逐年进行合理疏伐和整枝，修枝后，最好涂以波尔多液或波美 5 度的石硫合剂，以防止病菌的潜伏侵入。此外，结合抚育管理措施，对病株以及受虫害、日灼、冻害的枝干，进行人工清除，以减少侵染源及病菌潜伏场所。

（3）药物防治。可于每年 3~5 月，结合树干涂白，用刀刮涂或划破病皮而后涂药治疗。药剂可以选用 10% 碱水、10% 蒽油。

第九章　主要造林树种的材性及其利用

在血吸虫病流行区开展抑螺防病生物系统工程中，以优良杨树品种及池杉、水杉等耐水湿性强的树种，进行滩地造林，改善生态环境条件，抑制钉螺孳生，收到明显效果，达到了抑螺防病目的。随着这些速生杨树、池杉成林成材，如何对这些滩地林木进行开发利用，是应该考虑的一个重要问题。抑螺防病林的营造，在取得生态效益和社会效益的同时，还应重视其经济效益。为持续治理开发滩地，促进当地群众营林的积极性，巩固抑螺防病成果，合理进行林木资源的开发利用，具有其实际意义。

滩地营造杨树、池杉、水杉等主要树种，成林快、成林早。要加以综合开发利用，首先应对这些树种的木材材性及用途进行研究和了解，这样才能为综合利用提供科学依据。长江中下游为航运黄金水道，经济发达，交通方便，大面积滩地造林应很好加以利用发挥其经济价值。本章对滩地几种主要造林树种的材性分述如下。

一、杨　树

（一）三种杨树 63 杨、69 杨、72 杨的物理力学性质

优良杨树品种 63 杨（*Populus deltoides* cv. I-63/51）、69 杨（*P. deltoides* cv. I-69/55）、72 杨（*P. X euramaricana* cv. I-72/58）、214 杨（*P. × euramaricana* cv. I-214）、加龙杨（*P. nigra* cv. *Blane de Garonne*）等五个品系的杨树试材标本均采自安徽省安庆市新洲乡滩地，每个品系采 5 株，均为 7 年生人工林，其木材的物理力学性质指标测定，均按国家标准《木材物理力学试验方法》（GB1927—1991）进行。测试结果，5 种品系杨树木材物理力学性质与木材物理力学性质指标等级相比偏低，只适宜作为一般农用建筑材、造纸用材、火柴杆用材、刨花板和包装箱用材等。其中以 69 杨木材物理力学性质指标较高，因此，在木材强度上选择树种，可优先考虑选用 69 杨。

从生长速度来看，69 杨、63 杨、72 杨的生长速度明显比 214 杨及加龙杨为快。因此，前三种品系杨树可作为沿江滩地造林的发展树种，尤以 69 杨为佳。

现将 63 杨、69 杨、72 杨的物理力学性质指标列于表 9-1~ 表 9-3。

表 9-1　63 杨物理力学性质指标

测定项目	N	$\bar{X}$	S	S_r	$V\%$	$P\%$
年轮宽度（厘米）	49	1.46	0.124	0.018	2.4	8.5
基本密度（克 / 立方厘米）	28	0.298	0.026	0.0049	8.77	3.3

（续）

测定项目			N	$\overline{X}$	S	S_r	V%	P%
干缩率	全干	径向	27	2.00	0.43	0.08	20.7	8.0
		弦向	30	5.61	0.66	0.12	11.8	4.3
		体积	25	8.5	1.0	0.2	11.8	4.7
	气干	径向	27	0.90	0.24	0.46	26.7	10.20
		弦向	26	3.12	0.44	0.09	14.1	5.57
		体积	24	4.5	0.68	0.19	15.1	6.2
抗弯强度（兆帕）			22	50.0	8.9	1.90	11.8	7.6
抗弯弹性模量（兆帕）			14	5893.8	1494	399.3	25.3	13.5
横纹抗压（兆帕）	局部	径向	14	3.15	0.75	0.20	23.8	12.7
		弦向	14	3.28	0.72	0.19	21.95	11.7
	全部	径向	17	1.79	0.46	0.11	25.7	12.9
		弦向	17	1.89	0.45	0.11	23.8	11.5
顺纹抗压（兆帕）			12	25.25	2.47	0.79	10.85	6.27
顺纹抗拉（兆帕）			8	36.8	6.7	2.38	18.2	12.95
顺纹抗剪（兆帕）		径向	13	4.93	0.52	0.14	10.5	5.68
		弦向	14	5.0	0.68	0.18	13.6	7.20
		端面	16	1774	169	42.3	9.5	4.8
硬度（牛）		径面	15	1169	231	59.6	19.8	10.2
		弦面	2	1064	141	34.1	13.3	6.4
抗劈（牛/毫米）		径面	13	15.9	1.69	0.47	10.6	5.9
		弦面	16	18.2	1.21	0.30	6.6	3.3
冲击（千焦/立方厘米）			17	14.8	5.18	1.00	35.7	13.7

表 9-2 69 杨物理力学性质指标

测定项目			N	$\overline{X}$	S	S_r	V%	P%
年轮宽度（厘米）			49	1.31	0.132	0.019	2.9	10.1
基本密度（克/立方厘米）			35	0.326	0.022	0.037	6.75	2.27
干缩率	全干	径向	26	3.00	0.42	0.08	14.0	5.3
		弦向	26	6.7	0.68	0.13	10.1	3.9
		体积	28	10.3	0.98	0.19	9.5	3.6
	气干	径向	25	1.3	0.28	0.056	21.5	8.5
		弦向	24	4.4	0.56	0.11	12.7	5.0
		体积	29	43.7	5.96	1.64	15.9	7.5
抗弯强度（兆帕）			18	43.7	6.96	1.64	15.9	7.5
抗弯弹性模量（兆帕）			19	5391.0	1307.9	299.98	24.3	11.1
横纹抗压（兆帕）	局部	径向	13	3.28	1.06	0.32	32.39	19.5
		弦向	15	2.66	0.41	0.11	15.4	8.3
	全部	径向	11	1.90	0.31	0.09	16.3	9.5
		弦向	16	1.63	0.357	0.089	21.9	10.9

（续）

测定项目		N	$\overline{X}$	S	S_r	V%	P%
顺纹抗压（兆帕）		19	25.55	3.37	0.77	13.2	6.09
顺纹抗拉（兆帕）		15	40.2	6.68	1.71	16.6	8.5
顺纹抗剪（兆帕）	径向	12	7.53	0.91	0.26	12.1	6.91
	弦向	8	9.6	1.38	0.487	14.37	10.17
	端面	19	2645	363.39	83.3	13.7	6.3
硬度（牛）	径面	17	1788	435.9	105.8	24.4	11.8
	弦面	17	1789	313.75	76.15	17.5	8.5
抗劈（牛/毫米）	径面	14	19.6	2.4	0.65	12.2	6.6
	弦面	17	22.6	2.59	0.58	10.9	5.3
冲击（千焦/立方厘米）		19	21.0	7.88	1.81	37.5	17.2

表 9-3　72 杨物理力学性质指标

测定项目			N	$\overline{X}$	S	S_r	V%	P%
年轮宽度（厘米）			44	1.44	0.85	0.013	1.8	5.9
基本密度（克/立方厘米）			39	0.272	0.0202	0.0032	7.42	2.38
干缩率	全干	径向	29	1.60	0.39	0.07	24.3	8.8
		弦向	28	5.1	0.62	0.12	12.2	4.7
		体积	31	7.7	1.3	0.23	16.9	6.0
	气干	径向	29	0.73	0.24	0.04	32.9	11.0
		弦向	27	3.1	0.42	0.14	13.5	9.0
		体积	24	4.6	0.70	0.04	15.2	6.1
抗弯强度（兆帕）			15	39.65	6.24	1.61	15.7	8.12
抗弯弹性模量（兆帕）			13	4273.7	802.28	222.23	18.8	10.4
横纹抗压（兆帕）	局部	径向	14	1.42	0.56	0.15	23.1	12.4
		弦向	14	2.42	0.49	0.13	20.2	10.7
	全部	径向	16	1.82	0.29	0.07	15.93	7.69
		弦向	16	1.58	0.22	0.055	13.92	6.86
顺纹抗压（兆帕）			15	18.96	1.86	0.48	9.81	5.06
顺纹抗拉（兆帕）			10	34.9	6.52	2.06	18.68	11.8
顺纹抗剪（兆帕）		径向	13	4.76	0.47	0.13	9.99	5.46
		弦向	18	5.97	1.20	0.28	20.00	9.38
		端面	18	2240	289.76	68.3	12.9	6.1
硬度（牛）		径面	18	1317	453.49	106.9	16.20	8.1
		弦面	18	1418	330.52	77.9	23.3	10.9
抗劈（牛/毫米）	径面		16	16.87	1.48	0.37	8.8	4.46
	弦面		14	18.9	1.45	0.39	7.7	4.2
冲击（千焦/立方厘米）			16	15.5	4.49	1.12	29.0	14.45

上述 63 杨、69 杨、72 杨三种优良速生杨树品系，因其生长快、适应性强、繁殖方法多、培育容易、木材用途广等特点，已早为世界各国林业界关注。中国长江中下游沿江滩地，从 20 世纪 80 年代初就开始引种栽培试验，大部分生长良好，生长迅速，成材快，8~10 年轮伐，每亩蓄积量可达 15~20 立方米。

通过杨树三个品系木材物理力学性质指标的测定，除证明其速生性外，还具有较好的抗弯强度、抗弯弹性模量和顺纹抗拉性。又对杨树的木材解剖性质、纤维形态、纤丝角和结晶度变异的研究，由粗视构造和显微构造观察表明，63 杨、69 杨、72 杨年轮较宽，其生长速度较快。

（二）三种杨树木材由内向外纤维形态

木材纤维形态根据三种杨树胸高处不同部位的纤维长度、宽度、壁厚及腔径测定结果如表 37 所示。

表 9-4　三种杨树木材由内向外纤维形态

树种		木材纤维形态（微米）														
		长度（L）			宽度（D）			长宽柔性壁腔			双壁厚（ZW）			腔径（I）		
		$\overline{X}$	δ_{n-1}	$V\%$	$\overline{X}$	δ_{n-1}	$V\%$	$\overline{X}$	δ_{n-1}	$V\%$	$\overline{X}$	δ_{n-1}	$V\%$	$\overline{X}$	δ_{n-1}	$V\%$
72 杨	内	903.8	71.6	7.9	24.0	1.03	4.3	38	0.56	0.82	10.9	0.88	8.1	13.3	0.80	6.0
	中	1102.8	60.6	5.5	26.2	1.09	4.2	42	0.57	0.75	11.2	0.93	8.3	14.9	1.14	7.7
	外	1349.2	118.3	8.8	28.0	1.56	5.6	48	0.56	0.79	12.3	1.04	8.5	15.6	1.16	7.4
	平均	1118.5	83.5	7.4	26.1	1.23	4.7	43	0.56	0.79	11.5	0.95	8.3	14.6	1.02	7.0
69 杨	内	961.4	124.3	12.9	25.3	3.17	12.5	38	0.62	0.55	8.57	2.46	28.6	15.7	3.17	23.6
	中	1089.0	85.9	7.9	23.5	1.69	7.2	46	0.59	0.68	9.38	1.84	19.6	13.9	1.23	8.9
	外	1288.2	136.2	10.6	28.4	10.97	6.9	45	0.69	0.47	9.22	2.18	23.6	19.6	3.02	15.3
	平均	1112.9	115.4	10.5	25.7	2.28	8.9	43	0.63	0.57	9.06	2.16	24.0	16.4	2.65	15.9
63 杨	内	800.8	137.2	17.1	25.4	3.12	12.3	31	0.65	0.54	8.88	0.65	7.3	16.6	3.03	18.3
	中	1106.2	126.4	11.4	24.4	1.71	7.0	45	0.62	0.60	9.15	2.22	24.3	15.3	3.33	21.8
	外	1325.8	59.4	4.5	25.4	1.34	5.3	52	0.57	0.57	10.87	1.40	12.9	14.6	1.18	8.1
	平均	1077.6	107.7	11.0	25.1	2.06	8.2	43	0.61	0.61	9.63	1.42	14.8	15.5	2.51	16.1

从表 9-4、图 9-1 可知，杨树纤维平均长度约在 0.9675~1.1185 毫米，按国际木材解剖学会规定，属于中级长度（0.9~1.6 毫米），但在我国阔叶林中属于较长纤维的树种。且纤维长度随着年轮数的增加而增加。

（三）三种杨树的微纤丝角和相对结晶度

木材纤维细胞壁 S_2 层的微纤丝角是胞壁的基本性质之一，它对木材的性质和尺寸的稳定性有很大影响。微纤丝角越小，木材强度越大，变形小，材质优良。三种杨树木材细胞壁 S_2 层的平均微纤丝角为 19.59° ~25.46°，见表 9-5。

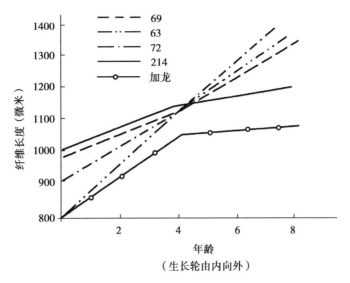

图9-1　五种杨树不同部位纤维长度比较

表9-5　三种杨树的微纤丝角和相对结晶度

树种		微纤丝角（°）		相对结晶度（%）
69杨	内	26.25		
	中	26.61	22.07	55.69
	外	13.35		
72杨	内	29.25		
	中	26.42	25.46	57.72
	外	20.70		
63杨	内	25.40		
	中	20.68	19	52.54
	外	12.7	59	

　　木材纤维素在木材细胞壁中呈丝状，在纤维素微纤丝中，具有结晶区和非结晶区，结晶区占纤维素整体的百分率称为纤维素的结晶度。通常随着结晶度的增加，纤维的抗张强度、弹性模量、硬度、密度及尺寸稳定性等均随之而增加，而保水值、伸长率等随之而减小。同时，结晶度又与纤维长度、介电常数等有关。因此，了解纤维的结晶度，对于林副产品的造纸、水解以及纤维的利用具有实际意义。

　　由表9-5可知，三种杨树木材由髓心向外，微纤丝角逐渐变小，具有较好的材质。其相对结晶度为52.54%~57.72%，接近或超过泡桐（46.4%~57.8%）和马尾松（53.8%），可以认为这几种杨树可作为较好的制浆造纸及纤维工业（纤维板）原料，亦为农用建筑较好用材。应根据不同使用的需要，进行不同径材定向培育。

二、池　杉

　　池杉为落叶性针叶乔木，原产北美，耐水湿性强，繁殖容易，适应性较强，多生于水旁及滩地沼泽处。我国江苏、浙江、湖北、湖南、安徽等地大面积引种栽培，生长良好，为长江中下游低丘平原和沿江滩地重要绿化造林树种。目前长江中下游"三滩"地区抑螺防病林的营造，普遍栽种池杉，既可改善滩地生态条件，保持水土，美化环境，抑制钉螺孳生，又可生产大量木材。由于池杉生长迅速，沿江滩地特别是湖泊地区的池杉林多已成林成材，因此木材的利用和开发就显得迫切而重要。首先要对池杉木材解剖性质和物理性质进行研究，才能深入了解池杉材性（如木材纤维形态、微纤丝角、木材密度和晚材率等）及其变异规律，为池杉木材的合理利用和高效利用，提供科学的理论依据。

池杉木材解剖性质及物理性质的测定，其试材是采自安徽省东至县香口林场，在沿江滩地的池杉人工林中，设置标准地，选取 3 株生长良好的中庸木，按照国家标准《木材物理力学试材采集方法》（GB1927—43—91）规定，在胸高处截取 3 个 12 厘米厚的圆盘，标号带回。野外记录样基本情况见表 9-6。

表 9-6　池杉生长情况及野外记录表

标准地		林分		地形地势				林地土壤				样本编号	年龄（年）	带皮胸径（厘米）	树高（米）	枝下高（米）	冠幅（米）	
		组成	面积	郁闭度	海拔（米）	地形	地势	类型	容重（克/立方厘米）	含水率（%）	pH值	构造						EW	SN
面积	0.8	纯林	220	0.9	40	江边滩地	平缓	冲击潮土	1.45	21.79	6.5	团粒	C-01	20	18.7	12.50	3.08	2.85	2.65
株数	100												C-02	20	18.4	11.75	2.60	2.47	2.70
平均胸径（厘米）	11.46												C-03	20	14.1	13.9	2.6	2.30	2.00
平均高（米）	19.01																		

试材圆盘带回后，放至气干，将圆盘的工作面刨光，通过髓心沿南北方向截取 1 根 1.5 厘米 ×1.0 厘米的试条（宽 × 高），再沿横向切成 4 根 1.5 厘米 ×1.0 厘米的试条，4 根试条由上而下进行编号，第 1 根试条用于记载年轮宽度和晚材宽度；第 2 根试条用于测定纤维形态指标；第 3 根试条用于测定微纤丝角；第 4 根试条测定基本密度。

（一）木材管胞形态及径向变异

管胞是针叶树材的主要组成部分，约占整个木材的 90% 以上。管胞的形态特征对木材及纸张强度有着直接的影响。测得池杉木材管胞长度平均值为 2.266 毫米，宽度为 35.13 毫米，单壁厚为 7.18 微米，长宽比为 68.52，柔性系数为 0.497，壁腔比为 0.767，见表 9-7。

表 9-7　管胞形态的径向变异

年轮数	管胞长度（毫米）			管胞宽度（微米）			单壁厚（微米）			长宽比	柔性系数	壁腔比
	X	J_{n-1}	$V\%$	X	J_{n-1}	$V\%$	X	J_{n-1}	$V\%$			
1	1.793	0.417	23.257									
3	1.853	0.3303	16.352	33.10	5.78	17.45	7.47	2.37	31.77	56.92	0.438	1.014
5	2.233	0.394	17.644	33.06	6.51	19.68	7.24	1.17	23.66	7.93	0.496	0.763
7	2.227	0.326	14.639	34.15	6.61	19.37	16.63	1.52	9.12	60.82	0.518	0.661
9	2.403	0.374	15.564	32.08	7.29	22.72	5.77	1.59	27.61	77.91	0.503	0.646

（续）

年轮数	管胞长度（毫米）			管胞宽度（微米）			单壁厚（微米）			长宽比	柔性系数	壁腔比
	X	J_{n-1}	$V\%$	X	J_{n-1}	$V\%$	X	J_{n-1}	$V\%$			
11	2.556	0.435	16.992	33.28	7.36	22.12	7.35	1.63	22.20	80.09	0.464	0.803
13	2.493	0.459	18.412	37.79	9.14	24.19	8.06	1.67	20.70	69.23	0.5433	0.745
15	2.567	0.382	14.858	42.44	10.75	25.32	7.76	2.52	32.52	66.74	0.512	0.734
平均值	2.266	—	—	35.13	—	—	7.18	—	—	68.52	0.497	0.767

池杉木材管胞长度和宽度在针叶树材中为中等水平；胞壁厚度、长宽比、柔性系数及壁腔比均符合木材制浆原料的要求。从表9-8可以看出，池杉属于较好的造纸材。

表9-8　池杉木材管胞形态及造纸指标分级

	管胞长度		管胞宽度（微米）	单壁厚度（微米）	长宽比		壁腔比			柔性系数	
分级	>1.6 毫米	<1.6 毫米	—	—	>60	<60	<1	=1	>1	>0.75	<0.75
	好	劣	—	—	好	劣	优良	良好	劣		
池杉	2.309	35.13	7.19	68.52	—	0.77		0.49		—	

池杉木材管胞长度的变化是呈抛物线型的，约在11年左右，增加的趋势变缓，这表明在11年之后，木材开始进入成熟期生长，如图9-2。

（二）木材微纤丝角及径向变异

微纤丝角系指次生壁 S_2 层中微纤丝排列方向与细胞主轴之间的夹角，是决定木材物理力学性质的主要因子之一，同时也关系到木材的机械和化学加工，可作为树木定向培育和预测材质的依据，能够较为准确地用来评定材质、纸张质量。微纤丝角的测定，采用偏光显微镜法，测出池杉的微纤丝角从髓心向外呈下降趋势（图9-3）。

（三）基本密度、年轮宽度和晚材率的径向变异

木材的基本密度是木材的绝干重与木材的浸渍体积之比。木材的密度与木材的强度关

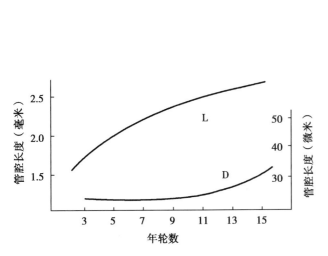

图9-2　池杉木材管胞长度和宽度的径向变异

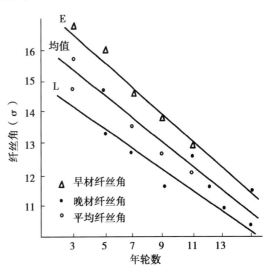

图9-3　微纤丝角随年轮数的变化

系很大，通常密度越大，木材的强度也越大。池杉的基本密度越大，木材的强度也越大。池杉的基本密度为 0.3444 克 / 立方厘米，比水杉的密度大 30% 左右，比杉木的密度也稍大些。自髓心向外是有变化的，大多数针叶树材的平均密度从髓心到树皮是逐渐增加的，而池杉木材基本密度的径向变异为开始略有下降，随后又缓慢上升，如图 9-4。

池杉的年轮宽度先上升，至第 7 年轮以后呈现缓慢的下降趋势；晚材率先下降，至第 6 年轮以后呈现缓慢上升趋势，年轮宽度与晚材呈负相关关系，如图 9-5。

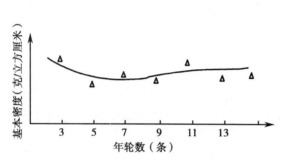

图 9-4 池杉木材基本密度的径向变异

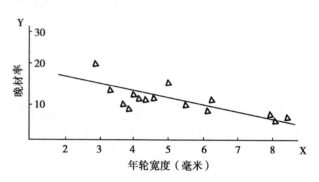

图 9-5 晚材率与年轮宽度的相关直线

通过池杉试材微纤丝角、基本密度、年轮宽度和晚材率等指标的测定，得出以下结论：次生壁 S_2 层微纤丝角为 13.08°，木材基本密度为 0.3444 克 / 立方厘米，20 年生平均年轮宽度为 5.16 毫米，晚材率为 10.11%，见表 9-9。

表 9-9 基本密度、微纤丝角、晚材率的径向变异

年轮数	基本密度（克 / 立方厘米）	微纤丝角（°）			年轮宽度（毫米）	晚材率（%）
		E	L	均值		
1	—	—	—	—	5.00	19.08
2	—	—	—	—	4.53	12.90
3	0.367	16.70	14.77	15.73	6.53	11.08
4	—	—	—	—	8.00	5.72
5	0.332	15.97	13.47	14.72	8.13	5.27
6	—	—	—	—	8.60	6.16
7	0.339	14.60	12.47	13.53	3.80	14.17
8	—	—	—	6.13	9.74	—
9	0.338	13.87	11.51	12.69	2.87	21.11
10	—	—	—	—	3.87	12.51
11	0.360	13.00	12.09	12.55	3.87	8.66
12	—	—	—	4.40	10.97	—
13	0.335	10.80	10.91	10.86	5.53	9.24
14	—	—	—	3.67	9.82	—
15	0.340	12.58	10.33	11.46	4.13	11.7
16	—	—	—	3.47	13.37	—
平均	0.3444	13.93	12.22	13.08	5.16	10.11

根据以上池杉木材解剖性质、物理性质及其变异的研究和测定，池杉具有耐水湿、生长快、材性好等特点，可以作为长江中下游滩地和低丘平原绿化造林的优良树种，其生产木材可作为短周期工业造纸用材、农用建筑、农具用材以及电杆、桥梁、船舶等用。

三、水　杉

水杉为落叶性针叶乔木，主产中国四川省东部与湖北省西南部山区，现长江中下游各省低丘和湖滩地已广泛栽培水杉，生长迅速，树干通直高大，长势良好，目前大部分已成林成材。为搞好水杉木材的合理利用，通过对其木材性质的研究，测定了解木材管胞形态、微纤丝角、基本密度和晚材率等指标及其变异规律，这对水杉的高效利用及材质改良、定向培育等方面有其实际意义。

水杉试材采自安徽省东至县香口林场，系实生苗造林。按照国家标准《木材物理力学试材采集方法》（GB1927—43—91）中采集方法进行。在同一林分中选择 3 株生长良好、树冠均匀、树干通直、无病虫害的中庸木作为标准木，每株取 1.3 米高处、厚度为 10~15 厘米圆盘共 3 个。野外采集记录见表 9-10。

表 9-10　野外采集记录

采集地点	土壤	林分			样木序号	树龄（年）	胸径（厘米）	树高（米）	枝下高（米）	冠幅	
		组成	更新	植被						南北	东西
香口林场老虎岗工区 14 号副小班面积 3 亩（湖边岗地）	黄褐土，pH 值 6.5~7.0，含水率 17.94%，容重 1.34	水杉纯林	播种育苗造林	野蔷薇油茶蕨	S9301	17	19.0	14.1	4.05	3.9	2.2
					S9302	17	17.6	14.8	4.45	2.3	2.5
					S9303	17	18.2	13.9	5.80	3.2	3.3

水杉试材测定分析结果如下：

（一）管胞形态特征及其变异

自髓心外，测得 1.3 米高处圆盘木材管胞形态特征，其结果见表 9-11。

表 9-11　水杉管胞形态统计表

编号	长度（微米）	管胞宽度（微米）	长宽比	柔性系数	壁腔比	单壁厚（微米）
S01	1390	32.97	42.2	0.541	0.589	7.54
S02	1739	39.19	44.4	0.635	0.607	6.97
S03	1567	38.35	40.09	0.550	0.817	8.61
均值	1565	36.84	42.5	0.575	0.761	7.71

从表 44 可看出，水杉管胞长度为 1.565 毫米，管胞宽度为 36.84 微米，在针叶树材中居于中等，胞壁厚度、壁腔比、柔性系数和长宽比指标，均达到木材制浆原料和要求。属于二类制浆材。同时，水杉具有生长迅速、材色浅、管胞长、早晚材纤维壁厚、易加工等特点，

因此可作为造纸材料。

　　研究木材和径向变异，是研究树木生长变化的重要途径之一。一般来说，立木胸高处的木材水平变异，即可代表树干的水平变异。水杉木材管胞长度的径向变化，自髓心随着年轮的增加而递增，开始递增速度较快，约 11 年之后逐渐平缓，其变化规律与大部分针叶树材管胞变异规律大体一致。木材管胞宽度、胞壁厚度和柔性系数、

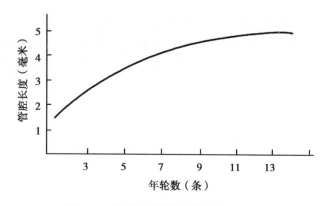

图 9-6　水杉木材管胞长度的径向变异

长宽比等指标，自髓心向外略呈增加趋势，约 11 年后趋于平稳；壁腔比自髓心向外略呈递减趋势，约 11 年后趋于平稳。自髓心向外，隔年测计管胞形态特征指标，如图 9-6。

（二）木材微纤丝角及径向变异

　　木材微纤丝角是指木材细胞壁次生 S_2 层中微纤丝排列方向与细胞主轴之间的夹角，它是决定木材物理力学性质的主要因子之一，关系到木材加工利用、树木材质、纸张强度等。微纤丝角的测定采用偏光显微镜法，结果见表 9-12。

表 9-12　水杉木材管胞胞壁微纤丝角　　　　　　　　　　　（单位：度）

类别	年轮自髓心向外							
	3	5	7	9	11	13	15	平均
管胞微纤丝角（早材）	20.90	19.93	18.66	18.02	17.40	16.69	15.60	18.03
管胞微纤丝角（晚材）	18.00	17.42	16.15	15.54	14.93	13.80	11.34	15.31
管胞微纤丝角（均值）	19.45	18.68	17.36	16.78	15.15	13.47	16.67	—

　　从表 9-12 可看出，水杉木材 S_2 层微纤丝角为 16.67°；早材大于晚材；自髓心向外，微纤丝角度呈逐渐变小趋势。管胞长度与微纤丝角度之间存在一定关系，如图 9-7 所示。

（三）木材基本密度及其变异

　　木材基本密度是影响材质、木浆产量等重要因子，是木材性质中最重要指标，但其变化规律较为复杂。水杉木材基本密度的径向变化趋势为：自髓心向外以曲线形式逐渐降低，然后再向外层逐渐增加，见表 9-13 和及图 9-8。

表 9-13　水杉木材基本密度表　　　　　　　　　　　（单位：克／立方厘米）

年轮	3	5	7	9	11	13	15	平均
S01	—	0.231	0.219	0.264	0.272	0.250	0.369	0.267
S02	0.314	0.256	0.325	0.209	0.267	0.301	0.272	0.278
均值	0.323	0.237	0.272	0.235	0.282	0.274	0.305	0.275

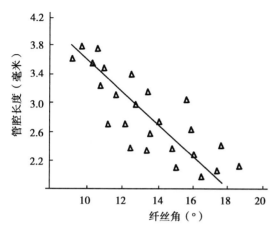

图 9-7　水杉木材管胞长度与微纤丝角相关直线

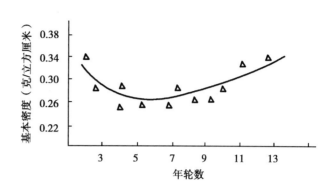

图 9-8　水杉木材基本密度的径向变异

据上表测定，水杉木材基本密度为 0.275 克/立方厘米。

从图 9-8 看出，水杉木材基本密度开始减小，约 8 年后开始上升，13 年后基本密度达到 0.35 克/立方厘米。

（四）年轮宽度和晚材率

15 年生水杉木材平均年轮宽度为 5.8 毫米，晚材率为 15.52%。自髓心向外年轮宽度先增加，然后又逐渐减小；晚材率自髓心向外逐渐增加，并趋于平稳。由于水杉试材年龄较小，晚材率较小，见表 9-14。

表 9-14　水杉木材年轮宽度、晚材率表

类别	年轮															
	1	2	3	4	5	6	7	8	9	10	11	12	13	14	15	平均
年轮宽度（毫米）	4.2	5.4	11.7	10.2	9.7	10.5	7.0	5.2	3.4	3.2	4.1	3.9	3.6	2.6	2.1	5.8
晚材率（%）	21.65	16.04	6.93	7.22	8.90	9.19	11.75	13.53	17.14	21.80	15.19	20.80	17.42	27.76	18.18	15.52

从以上水杉木材性质的测定各项指标来看，管胞长度为 1.565 毫米，宽度为 36.84 微米，长宽比 42.45，壁腔比为 0.76，柔性系数 0.58，微纤丝角 16.67°，基本密度 0.275 克/立方厘米，17 年生平均年轮宽度 5.8 毫米，晚材率 15.52%。自髓心向外，木材管胞长度、宽度、胞壁厚、柔性系数、长宽比呈递增趋势，壁腔比和微纤丝角呈递减趋势。由此可知，长江中下游低丘水旁和滩地，水杉生长速度快，长势良好，材质较佳，可选为重要造林树种，其木材可用为农用建筑用材、造纸原料、板材、农具、电杆等。树姿优美挺拔，绿叶婆娑，秋叶经霜艳紫，为优良的四旁绿化树种。

参考文献
REFERENCE

1. 曲格平.中国环境问题及对策.北京：中国环境科学出版社，1984.

2. 马世俊，等.社会—经济—自然复合生态系统.生态学报，1984，（4）：1~9.

3. 许涤新.生态经济学探索.上海：上海人民出版社，1985.

4. 阳含熙等.长白山北坡阔叶林红松林主要树种的分布格局.森林生态系统研究，1985，（5）：1~14.

5. 江泽慧.木材性质中的遗传变异.木材应用通讯，1987.

6. 熊文愈.林农复合生态系统的类型与效益.林农复合生态系统学术讨论会论文集.哈尔滨：东北林业大学出版社，1988.

7. 张志杰.环境污染生态学.北京：中国环境科学出版社，1989.

8. 马世俊.现代生态学透视.北京：科学出版社，1990.

9. 卫生部地方病防治司.血吸虫病防治手册.上海：上海科学技术出版社，1990.

10. 郑江.大山区血吸虫病流行现状及其防治对策.中国血吸虫病防治杂志，1990，（2）.

11. 彭镇华等.以林代芦，灭螺防病，治理开发三滩专辑.安徽农学院学报，1990.

12. 毛守白主编.血吸虫生物学与血吸虫病的防治.上海：上海卫生出版社，1991.

13. 钱信忠.中国卫生事业发展与决策.北京：中国医药科技出版社，1992.

14. 彭镇华，等."以林为主，灭螺防病"的设计思想和造林技术研究.安徽农业大学学报，1992.

15. 姚永康，等.林农复合生态系统及其对钉螺孳生的影响.安徽农业大学学报，1992.

16. 彭旦明，等.枫杨、乌桕灭螺研究.安徽农业大学学报，1992.

17. 江泽慧，等.新洲滩地不同品系杨树木材物理力学性质研究.安徽农业大学学报，1992.

18. 江泽慧，等.新洲滩地不同品系杨树木材纤维形态、纤丝角和结晶度变异研究.安徽农业大学学报，1992.

19. 金岚等.环境生态学.北京：高等教育出版社，1992.

20. 辜学广，等.四川省大凉山区血吸虫病地理分布规律及影响分布因素的研究.中国血吸虫病防治杂志，1992，（4）.

21. 彭镇华，等.以长江中下游"兴林抑螺"和"低丘、滩地"开发两项目谈整治与开发相结合.森林与环境.北京：中国林业出版社，1993.

22. 江泽慧，等.长江中下游滩地开发、治理模式及其综合效益的研究.中国农林复合经营研究与实践.杭州：江苏科学技术出版社，1993.

23. 彭镇华，等.有螺滩地林农复合生态系统的建立及其效果分析.安徽农业大学学报，1994.

24. 江泽慧，等.池杉木材解剖性质和物理性质及其变异的研究.安徽农业大学学报，1994.

25. 江泽慧，等.长江中下游滩地和低丘陵地水杉木材性质的研究.安徽农业大学学报，1994.

26. 彭镇华，等.桑天牛成虫行为及雄虫辐射不育的研究.安徽农业大学学报，1994.

27. 馆稔等.环境的科学.北京：科学出版社，1978.

28. 小野和雄.纤丝角的测定.南林科技，1982，（4）.

29. 黄淑员，等.日本环境保护长远规划.北京：中国环境科学出版社，1983.

30. Taylor F W. property Variation within stene of Selected Hard Wood Growing in the Mid-south，Wood Sci，1976，Vol. 11 No. 3.

31. King K F S. Agroforestry. Paper presented to 15th Tropical Agriculture day，Royal Tropical Institute，Amsterdam，Holland，1978.

32. King K F S. Keynot address-Some principle of Agroforestry，In：P. L. Jaisucal（ed.）proceedings of the Agroforestry Seminar. New Delhi：ICAR，1979，16~18.

33. King K F S. Concept of "Agroforestry". In：T. Chandler and D. Spurgeon（eds）International Cooperation in Agroforestry. Nair obj：ICRAF，1979.

34. Panshin A J，et al. Textbook of wood technology，4th edition. New York：Mc Graw-Hill Company，1980.

35. Antonovics J，et al. The ecological and genetic consequences of density-dependent regurtion in plants. Annual Reviews of Ecology and Systematics，1980，11：411~452.

36. Patten B C，et al. The eybernetic nature of ecosystem. Americal Naturalist，1981，118：886~895.

37. McIntosh R P. Succession and ecological theory. In：Forestry Succession：Concepts and Application. New York：springer-Verlag，1981.

38. West D C，et al. Forest Succession：Concepts and Application. Springer-Verlag. New York：U. S. A，1981.

39. Hedley M J，strwart J W B. A method to measure microbial phosphorus in soils. Soil Biology and biochemistry. 1982，14：377~385.

40. Ivanov M V，Freney J R，et al. The Global Biogeochemical Sulfur Cycle（SCOPE 19）. John Weley & Sons. New York：U. S. A，1983.

41. Harley J L，Smith S E. Mycorrhizal Symbiosis. London：Academic Press，1983.

42. Williams W E. Optimal water-use efficiency in a California shrub. Plant Cell Environment，1983，6：145~151.

43. Dick W A. Organic carbon，nitrogen and phosphorus concentrations and pH in Soil profiles as affected by tillaye intensity. soil science society of American Jouranal，1983，47：102~107.

44. Odum E P. Basic Ecology，Sanders College Publishing. New York：U. S. A. 1983.

45. Lowrance R，Stinner D R，House G J. Agricultural Ecosystems：Unifyeng Concepts，John Wiley & Sons. New York：U. S. A，1983.

46. Kazumi Fukazawa. Juvenile wood of hardwoods Judged by density variation IAWA bull，1984，Vol. 5 No. 1.

47. Armstrong J P. The effect of specific gravity on several mechanical properties of some world woods. wood science and Technology，1984，18：137~146.

48. Mansficeld T A，Davies W J. Mechanism for leaf control of gas exchange. Bio Science，1985，35：158~164.

49. Gollam T，Turner N C，Schulze E D. The responses of stomatal and leaf gas exchange to vapor pressure deficits and soil water content. Ⅲ In the sderophyllous woody species，Nerium oleander，Oecologia，1985，65：356~362.

50. Lee K E. Earthwormes：Their Ecology and Relationships With Land Use. Sydney：Academic Press，1985.

51. McIntosh R P. The Background of Ecology. Cambridge: University Press, 1985.

52. Pickett S T A, White P S. The Ecology of Natural Disturbance and Patch Dynamics. New York: Academic Press, 1985.

53. Fowler N L. The role of competition in plant commanities in arid and semiarid regiors. Annual Review of Ecology systematizes, 1986, 17: 89~110.

54. Diamond J, Case T J. Community Ecology. New York: Harper & Row, 1986.

55. Forman R T T, Godron M. Landscape ecology. New York: John wilky and sons, 1986.

56. Urban D L, O'Neiu R V, Shugart H H. Landscape ecology. Bio Science, 1987, 37: 119~127.

57. Turner M G. Spatial simulation of Landscape Change in Georgia: a eomparison of 3 transitior models. Landscape Ecology, 1987, 1: 29~36.

58. Haston M, Smith T. Plant succession: life history and competition. American Naturalist, 1987, 130: 168~198.

59. Binkley D, Richter D. Nutrient cycles and H'budgets of forest ecosystems. Advances in Ecological Research, 1987, 16: 1~51.

60. Digby P G N, Kemptom R A. Multivariate Analysis of Ecological Communities. London: Chapman and Hall, 1987.

61. Grossman J. Update: Good potential for botanical molluscieides. IMP Practitioner, 1988, (11-12): 1~5.

62. Causton D R. Introduction to Vegetation Analysis. London: Unwin Hyman, 1988.

63. Turner M G. A spatial simulation model of land use in a piedmont county Georgia. Applied Mathematics and Computation, 1988, 27: 39~51.

64. Wilson E O. Biodiversity. Washington D C: National Academy Press, 1988.

65. Ledig F T. The conservation of diversity in forest trees. Bio Science, 1988, 38: 471~479.

66. Tilman D. Plant Strategies and the Dynamics and structure of plant Communities. New York: Princeton University Press, 1988.

67. Wilson J B. Shoot competition and root competition. Journal of Applied Ecology, 1988, 25: 279~297.

68. Wiens J A. The Analysis of Landscape Patterns, Colorado State University. Colorado: Collins, 1988.

69. Keddy P A. Competition. London: Champman and Hall, 1989.

70. Meentemeyer V. Geographical perspectives of space, time and scale. Landscape Ecology, 1989, 3: 163~173.

71. Wiens J A. Spatial Scaling in ecology. Functional Ecology, 1989, 3: 385~397.

72. Binkley D, Hart S C. The components of nitrogen availability assessments in Forest soils. Advances in Soil Science, 1989, 10: 57~112.

73. Coleman D C. Ecology, agroecosystems and sustainalle agriculture. Ecology, 1989, 70 (6): 15~90.

74. Altieri M A. Agroecology, A new research and development paradigm for world agriculture. Agriculture, Ecosystems and Environment, 1989, 27: 37~46.

75. Franco A C, Nobel P S. Influence of root distribution and growth on predicted water uptake and interspecific competition. Oecologia, 1990, 82: 151~157.

76. Caraco N F, Cole J J, Likens G E. A comparison of phosphorus immobilization in sediments of freshwater and constal marine ecosystems. Biogeochemistry, 1990, 9: 27~290.

77. Ford M S. A 100-yr history of natural ecosystem acidification. Ecological Monographs, 1990, 60 (1): 57~89.

78. Taylor A D. Metapopulations, dispersal and predator-prey dynamics. an overview, Ecology, 1990, 71: 429~433.

79. Costanza R, Sklar F H, White M L. Modeling costal landscape dynamics. bioscience, 1990, 40 (2): 91~107.

80. Schnitzer M. Soil organic matter-the next 75 years. soil science, 1991, 151: 41~58.

81. Chapin F S. Integrated responses of plants to stress. Bioscience, 1991, 41: 29~36.

82. Knowles R L. New Zealand experience with wilvopastoral systems: A review. Forest Ecology and Management, 1991, 45: 251~267.

83. Bandolin T H, Fisher R F. Agroforestry systems in North America. Agroforestry systems, 1991, 16: 95~115.

84. King A W. Translating models across scales in the landscape, In: Quantitatine Methods in Landscape Ecology. New York: Springer-Verlag, 1991, 479~518.

85. Fioravanti M. Physical and Anatomical studies on Juvenile wood of Chestnut trees form a coppice forest. IUFRO AU-Division 5 Conference Nancy 1992 IAWA Bull, 1992, (13): 3.

86. Bird P R. The role of shelter in Australia for protecting soils, plants and livestock. Agroforestry Systems, 1992, 20: 59~86.

87. Dubois J C L, Anerson Suely. REBRAF: The Brazilian agroforestry network. Agroforestry Today, 1992, 4 (2): 10~11.

88. Prinsley R T. The role of trees in sustainable agriculture on overview. Agroforestry Systems, 1992, 20: 87~116.

89. Braatz S. Conserving Biological Diversity. A strategy for Protected Areas in the Asia Pacific Region. The world bame, 1992.

90. Matthews S. Landowner percriptions and the adoption of agroforestry practices in the Southern Ontario. Canada: Agroforestry System, 1993, 20: 159~168.

附　件
APPENDIX

附件1　中华人民共和国林业行业
标准（LY/T 2412—2015）

林业血防工程建设导则
Guide for forestry schistosomiasis prerention project

1　范围

本标准明确了林业血防工程建设的指导思想、建设原则，规定了林业血防工程建设的分区、类型、对象、内容、程序，以及抑螺防病林建设质量评价。

本标准适用于林业血防工程建设与管理。

2　规范性引用文件

下列文件对于本文件的应用是必不可少的。凡是注日期的引用文件，仅注日期的版本适用于本文件。凡是不注日期的引用文件,其最新版本（包括所有的修改单）适用于本文件。

GB/T 15776　造林技术规程

GB 15976　血吸虫病控制和消灭标准

LY/T 1495　杨树人工速生丰产用材林

LY/T 1528　湿地松速生丰产用材林

LY/T 1607　造林施工作业设计规程

3　术语和定义

下列术语和定义适用于本文件。

3.1

林业血防　forestry schistosomiasis prevention
研究与应用林业生态措施有效控制血吸虫病流行的一切理论与实践活动的总称。

3.2

抑螺防病林　forest for snail control and schistosomiasis prevention

以改造钉螺孳生环境，抑制钉螺生长发育，隔离传染源，控制血吸虫病流行为主要目的的具有多重效益的林分。

3.3

林业血防工程　schistosomiasis-prevented forestry project

以抑螺防病林建设为主体、具有控制血吸虫病流行功能的林业生态工程。

3.4

钉螺分布区　distribution area of snail

适宜钉螺孳生的血吸虫病流行区域，按照地类特点分为三种类型，即湖沼型、水网型和山丘型。

3.4.1

湖沼型　lakes and marshland type

江滩、湖滩、洲滩等钉螺分布区。具有冬陆夏水，水位落差大，钉螺分布广的特点。

3.4.2

水网型　water nets type

由纵横交错的河道及灌溉沟渠构成的钉螺分布区。与江河湖泊相通，钉螺沿水网分布且相互蔓延。

3.4.3

山丘型　mountain and hills type

山地和丘陵中的钉螺分布区。钉螺分布空间相对较为封闭独立。

3.5

活螺平均密度　density of living snails

捕获的活螺数与调查总框数的比值。

3.6

活螺密度下降百分比　decrease rate of living snail density

前次调查活螺密度与本次调查活螺密度的差值与前次调查活螺密度的百分比。

3.7

感染性钉螺　infected snail

含有血吸虫胞蚴、尾蚴的钉螺。

［GB 15976—2006，定义 3.3］

3.8

感染性钉螺平均密度　density of infected snails

系统抽样捕获的全部感染性钉螺与系统抽样总框数的比值。

3.9

感染性钉螺密度下降百分比 **decrease rate of living snail density**

前次调查感染性钉螺密度与本次调查感染性钉螺的差值与前次调查感染性钉螺密度的百分比。

4 指导思想

林业血防工程建设以现代林业理论为指导，以血吸虫病防治为根本目标，坚持"预防为主，标本兼治，综合治理，群防群控，联防联控"的工作方针，以营造抑螺防病林为重点，与其他工程紧密结合，建立以林为主，林、农、副、渔等有机结合的自然 - 经济 - 社会复合生态系统，充分发挥林业多功能、多效益优势，全面构筑疫区血吸虫病防治生态安全体系，达到有效改善环境、抑制钉螺孳生、改变人畜行为方式、控制传染源传播的效果，最终实现疫区生态、经济与社会可持续发展。

5 建设原则

5.1 统一规划，突出重点，分步实施。
5.2 因地制宜，科学施策，分类经营。
5.3 政府引导，部门协作，社会参与。
5.4 以林为主，综合治理，科学防治。
5.5 抑螺优先，长短结合，多效兼顾。

6 建设分区

根据所处的区域及其特点，分为长江上游、长江中下游和珠江流域林业血防工程建设区。

7 建设类型

按照地类特点分为三种类型，即湖沼型、水网型和山丘型。

8 建设对象

建设对象为钉螺分布区及潜在钉螺分布区，重点为现有钉螺分布区。

9 建设内容

9.1 抑螺防病林营造

9.1.1 造林

包括造林地选择、林地整治、种植材料选择、种苗准备、播种栽植等。

9.1.2 抚育管护

包括林下种植（养殖）经营、林地管理、林木管理、病虫害管理，以及宣教、隔离措施等。

9.2 更新改造

包括对成熟林分采伐后的全面更新，以及对不符合抑螺防病林营造技术规程的疫区原有林分从抑螺植物材料、林分结构、林地整理、隔离配套措施等方面的调整改造。

10 建设程序

按照国家基本建设程序执行。

11 抑螺防病林建设质量评价

11.1 评价指标

采用林分质量、经营管护水平、血防效果等综合型指标进行评价。林分质量中的林木生长情况执行，LY/T 1495、LY/T 1528 等标准的规定，未制定行业标准的树种参考地方标准和项目可行性研究报告提出的要求。各项指标的等级特征见表 1。

表 1 抑螺防病林质量考核指标及等级特征指标

因子	级 别		
	I	II	III
林分质量	造林保存率≥80%，林木生长量≥标准规定值的105%	70%≤造林保存率<80%，标准规定值的95%≤林木生长量。<标准规定值的105%	造林保存率<70%或林木生长<标准规定值的95%
经营管护	林下经营或林地管理水平高，宣教、隔离等措施完善	林下经营或林地管理水平一般，宣教、隔离等措施基本到位	林下经营或林地管理水平较低，少有宣教、隔离等措施
血防效果	活螺平均密度、感染性钉螺平均密度两者下降率≥50%；钉螺或感染性钉螺潜在分布区，保持无钉螺或无感染性钉螺	活螺平均密度、感染性钉螺平均密度两者下降率≥30%，且两者中至少有一个指标下降率<50%	活螺平均密度下降率<30%

11.2 考核方法及评价标准

11.2.1 考核方法

采用考核指标分值法，对已完成建设期的抑螺防病林，成效评价可在造林后的第 3 年至第 5 年进行。以小班为单位分别按照考核指标确定等级，对照其相应的等级分值，计算总分值。各因子的阈值范围见表 2。

表 2 考核因子阈值范围表

因子	级 别		
	I	II	III
林木质量	20~30	10~19	10 以下
经营管护	15~20	10~14	10 以下
血防效果	40~50	30~39	30 以下

11.2.2 评价标准

考核评价分为四级，各考核因子总分值在 80 分以上者为优，70 分 ~80 分为良，60 分 ~70 分为合格，60 分以下为不合格。

12 检查验收

包括作业设计检查验收、年度检查验收和成效评价。

作业设计检查验收按照 LY/T 1607 中相关规定执行；年度检查验收按照 GB/T 15776 规定执行；成效评价按照本标准中第 11 章规定执行。

13 档案管理

包括技术档案和管理档案。其中技术档案含有资源档案、经营档案等；管理档案含有财务档案、制度法规档案和权益档案等。

附件2 中华人民共和国林业行业标准（LY/T 1625—2015）

抑螺防病林营造技术规程
Technical regulations of afforestation on snail control
and schistosomiasis prevention forest

1 范围

本标准规定了抑螺防病林的造林地、种苗、整地、造林密度和配置、造林方式和季节、抚育管护、更新改造、作业设计、检查验收以及档案管理等方面要求。

本标准适用于我国血吸虫病流行区林业血防工程建设。

2 规范性引用文件

下列文件对于本文件的应用是必不可少的。凡是注日期的引用文件，仅注日期的版本适用于本文件。凡是不注日期的引用文件，其最新版本（包括所有的修改单）适用于本文件。

GB/T 6000　主要造林树种苗木质量分级

GB/T 15776　造林技术规程

GB 15976　血吸虫病控制和消灭标准

LY/T 1557　名特优经济林基地建设技术规程

LY/T 1607　造林作业设计规程

LY/T 2412　林业血防工程建设导则

3 造林地选择

3.1　造林地须是血吸虫中间宿主钉螺分布区或潜在分布区。

3.2　对于有季节性水淹的地块，造林地常年最高淹水深度不高于 3 m，常年最长淹水时间不超过 60 d。

4 植物材料选择

4.1 选择原则

4.1.1 坚持适地适树，适合疫区林业发展。

4.1.2 优先选择对钉螺具有抑制孳生或灭杀作用的化感抑螺植物材料，主要化感抑螺植物参见附录 A。

4.1.3 宜选择综合效益高的植物材料。

4.2 湖沼型植物材料

4.2.1 选用耐水淹、耐水湿的高大乔木为主。

4.2.2 宜栽植植物材料，参见附录 B。

4.3 水网型植物材料

4.3.1 根据沟渠水文情况和培育目标，结合农田林网建设、村庄绿化等确定适宜树种。

4.3.2 宜栽植植物材料，参见附录 B。

4.4 山丘型植物材料

4.4.1 应根据当地自然条件和经济社会发展需求，确定适宜树种。

4.4.2 宜栽植植物材料，参见附录 B。

5 种苗

5.1 适合血吸虫病疫区立地、优良种质材料繁育的苗木。

5.2 苗木质量应达到 GB/T 6000 规定的 I 级苗，对于经济林按 LY/T 1557 执行。

5.3 对于汛期淹水的湖沼区造林地，苗木高度应高于正常年份最高水位 1 m 以上。

6 整地

6.1 整地方法

6.1.1 湖沼型：全面清杂，全垦整地，开沟排水。对于高程较低的低洼地，应顺水流方向开沟筑垄。

6.1.2 水网型：全面清杂，平整土地。因地制宜开展疏浚渠道，开沟沥水，培土护坡。

6.1.3 山丘型：全面清杂。根据不同地类进行合理整地，对于坡度 <8° 的造林地进行全垦整地；对于坡度为 8°~15° 的造林地，若水土流失轻微，可进行全面整地，否则进行局部整地；对于坡度 ≥15° 的造林地采用适宜的局部整地方式。并因地制宜对沟渠进行疏浚清堵，开沟

沥水，培土护坡。

6.2　整地时间

一般整地宜在造林前一年的秋冬季，也可在当年早春进行；抬垄整地应在前一年的秋季进行。

6.3　整地要求

6.3.1　整地深度应大于 20 cm。培土铲土的厚度应大于 15 cm。

6.3.2　整地后达到沟渠通畅、无杂灌（草）、无坑洼、无积（渍）水。

6.3.3　栽植穴的规格根据造林苗木合理确定。

7　造林密度和配置

7.1　湖沼型

7.1.1　对于洲滩以及沿水体一侧的滩地，应采用窄株宽行或宽窄行配置模式且林木行向与水流方向一致，宽行距应 8 m 以上，株距或窄行距根据培育目标合理确定。

7.1.2　对于近堤岸地带等滩地，可根据树种特性和防浪护堤等目标需求，合理确定密度和配置方式。

7.2　水网型

7.2.1　河道沿岸宜采用宽行窄株配置且林木行向与水流方向一致。

7.2.2　岸坡特别水线附近提倡栽植化感抑螺树种，或在林下种植化感抑螺灌木和抑螺草本。

7.2.3　水渠边造林，应根据水渠的走向、宽度以及农田防护林要求，确定行向、行宽和行数，宜 2 行以上，并配置 1 行以上化感抑螺灌（草）隔离带。

7.3　山丘型

7.3.1　根据造林树种、培育目标及间作情况等合理确定株行距和配置方式。

7.3.2　宜栽植化感抑螺树种，水线附近宜配置化感抑螺植物篱，宽度 0.5 m 以上。

7.3.3　对于具有阻螺作用的地被植物，栽植密度要使第 3 年的盖度达到 90% 以上；对于具有凋落物覆盖抑螺作用的植物材料，也宜采用高密度造林。

8　造林方法和季节

8.1　造林方法

根据树种特征和立地条件合理确定，参照 GB/T 15776 相关规定执行。

8.2 造林季节

根据造林地自然条件和造林树种的物候期适时安排造林。

9 抚育管护

9.1 松土除草

应采取适宜的方法，及时松土除草。

9.2 林木管护

9.2.1 根据树种特性，适时进行补植、除蘗、修枝、整形、施肥、灌溉、排涝、间伐等措施，促进林木生长。

9.2.2 做好病虫害管理和森林防火工作。

9.2.3 做好洪水、雨雪等自然灾害的预防和灾后修复。

9.3 林下经营

9.3.1 宜积极开展林下多种经营，实施持续经营，增强抑螺效果，提高土地利用率，增加经济收益。

9.3.2 林下种植的植物材料可选择适宜的农作物、蔬菜、药材等，宜选择化感抑螺经济植物。对于湖沼区的易感地带、山丘的退田还林地块，需间作 3 a 以上。

9.3.3 林下养殖可发展养鸡、养鸭、养鹅等，严禁饲养牛、羊等血吸虫保虫宿主。

9.4 配套措施

9.4.1 设立禁止人畜进入、保护林木、防止感染血吸虫病的公告牌。

9.4.2 因地制宜建设隔离沟、隔离栏或隔离道等隔离措施，阻止牛羊等进入林地。

10 更新改造

10.1 更新

对采伐后的抑螺防病林应及时进行更新。

10.2 改造

对疫区未达到抑螺防病效果的现有林分应加以改造培育。

11 作业设计

参照 LY/T 1607 执行。除此以外，主要内容还应包括血吸虫病疫情指标，即活螺框出现率、活螺平均密度、感染螺平均密度等血防效果指标描述，具体按照 GB l5976 要求执行。

12　检查验收

按照 LY/T 2412 中相关规定执行。

13　档案管理

13.1　建档要求

13.1.1　完整性：包括抑螺防病林项目建设经营各个时期的历史记录和资料数据库，不可缺漏、断档。

13.1.2　统一性：档案格式、数据、标准全国统一。应以经营小班为基本单元逐级建档。全国县级以上应配备专人负责档案管理。

13.1.3　科学性：建立固定标准地，连续记载经营管理活动，定位观测林木生长、螺情指标等情况的变化。

13.2　档案材料

按档案性质分为技术档案和管理档案两类。其中技术档案包括资源档案、经营档案等；管理档案包括财务档案、制度法规档案和权益档案等。按档案内容分为造林档案和血防档案。

附　录　A
（资料性附录）
主要化感抑螺植物表

表 A.1　主要化感抑螺植物表

植物类型	植物种类
乔木	枫杨 *Pterocarya stenoptera*、乌桕 *Sapium sebiferum*、苦楝 *Melia azedarach*、漆树 *Toxicodendron vernicifluum*、无患子 *Sapindus mukorossi*、喜树 *Camptotheca acuminata*、皂荚 *Gleditsia sinensis*、樟树 *Cinnamomum bodinieri*、银杏 *Ginkgo biloba*、桑树 *Morus alba*、八角枫 *Alangium chinense*、巴豆 *Croton tiglium*、枫香 *Liquidambar formosana*、桉树 *Eucalyptus robusta*、油茶 *Camellia oleifera*、核桃 *Juglans regia*
灌木	水杨梅 *Adina pilulifera*、闹羊花 *Datum metel*、醉鱼草 *Buddleja lindleyana*、马钱 *Strychnos nuxvomica*、夹竹桃 *Nerium indicum*、麻风树 *Jatropha carcas*、花椒 *Zanthoxylum bungeanum*
草本	商陆 *Phytolacca acinosa*、白头翁 *Pulsatilla chinensis*、乌头 *Aconitum carmichaeli*、打碗花 *Calyste gia hederacea*、大戟 *Euphorbia pekinensis*、泽漆 *Euphorbia helioscopia*、大麻 *Cannabis sativa*、葎草 *Humulus scandens*、虎杖 *Reynoutria japonica*、水蓼 *Polygonum hydropiper*、酸模叶蓼 *Polygonum lapathifolium*、紫云英 *Astragalus sinicus*、土荆芥 *Chenopodium ambrosioides*、半边莲 *Loberlia chinensis*、苍耳 *Xanthium sibiricum*、茵陈蒿 *Artemisia capillaris*、白苏 *Perilla frutescens*、藜芦 *Veratrum nigrum*、天南星 *Arisaema heterophyllum*、半夏 *Pinellia ternata*、问荆 *Equisetum arvense*、龙牙草 *Agrimonia pilosa*、蛇莓 *Duchesnea indica*、石蒜 *Lycoris radiata*、射干 *Belamcanda chinensis*、曼陀罗 *Datura stramonium*、益母草 *Leonurus artemisi*、羊蹄 *Rumex japonicus*、黄姜 *Hedychium flavum*、香根草 *Vetiveria zizanioides*

附 录 B
（资料性附录）
抑螺防病林推荐植物材料表

表 B.1　抑螺防病林推荐植物材料表

疫区类型	植物类型	植物种类
湖沼型	乔木	杨树 *Populus*、柳树 *Salix*、池杉 *Taxodium ascendens*、水杉 *Metasequoia glyptostroboides*、落羽杉 *Taxodium distichum*、桤木 *Alnus cremastogyne*、枫杨 *Pterocarya stenoptera*、乌桕 *Sapium sebiferum*、喜树 *Camptotheca acuminata*、苦楝 *Melia azedarach*、重阳木 *Bischofia polycarpa*、狭叶山胡椒 *Lindera angustifolia*、枫香 *Liquidambar formosana*
	草本	乌头 *Aconitum carmichaeli*、水蓼 *Polygonum hydropiper*、益母草 *Leonurus artemisia*、羊蹄 *Rumex japonicus*、问荆 *Equisetum arvense*、打碗花 *Calystegia hederacea*、地肤 *Kochia scoparia*、反枝苋 *Amaranthus retroflexus*、马齿苋 *Portulaca oleracea*、泽漆 *Euphorbia helioscopia*、紫云英 *Astragalus sinicus*、车前草 *Plantago depressa*、菖蒲 *Acorus calamus*、酸模叶蓼 *Polygonum lapathifolium*、藜芦 *Veratrum nigrum*
水网型	乔木	杨树 *Populus*、柳树 *Salix*、池杉 *Taxodium ascendens*、水杉 *Metasequoia glyptostroboides*、落羽杉 *Taxodium distichum*、苦楝 *Melia azedarach*、漆树 *Toxicodendron vernicifluum*、无患子 *Sapindus mukorossi*、皂荚 *Gleditsia sinensis*、枫杨 *Pterocarya stenoptera*、乌桕 *Sapium sebiferum*、楸树 *Catalpa bungei*、栾树 *Koelreuteria paniculata*、木荷 *Schima superba*、油茶 *Camellia oleifera*、柿树 *Diospyros kaki*、桑树 *Morus alba*、香樟 *Cinnamomum camphora*、女贞 *Ligustrum lucidum*、柏树 *Cupressus funebris*
	灌木	夹竹桃 *Nerium indicum*、水杨梅 *Adina pilulifera*、黄栀子 *Gardenia jasminoides*、马钱 *Strychnos nux-vomica*、醉鱼草 *Buddleja lindleyana*、辛夷 *Magnolia liliflora*、小檗 *Berberis thunbergii*
	草本	石蒜 *Lycoris radiata*、大麻 *Cannabis sativa*、射干 *Belamcanda chinensis*、天南星 *Arisaema heterophyllum*、白头翁 *Pulsatilla chinensis*、回回蒜 *Ranunculus chinensis*、大戟 *Euphorbia pekinensis*、泽漆 *Euphorbia helioscopia*、虎杖 *Reynoutria japonica*
山丘型	乔木	松类 *Pinus*、杉木 *Cunninghamia lanceolata*、栎类 *Ouercus*、柏木 *Cupressus funebris*、樟树 *Cinnamomum camphora*、银杏 *Ginkgo biloba*、木荷 *Schima superba*、油茶 *Camellia oleifera*、枫杨 *Pterocarya stenoptera*、乌桕 *Sapium sebiferum*、化香 *Platycarya strobilacea*、盐肤木 *Rhus chinensis*、漆树 *Toxicodendron vernicifluum*、厚朴 *Magnolia officinalis*、黄连木 *Pistacia chinensis*、无患子 *Sapindus mukorossi*、枫香 *Liquidambar formosana*、栾树 *Koelreuteria paniculata*、泡桐 *Paulownia sieb*、天竺桂 *Cinnamomum japonicum*、女贞 *Ligustrum lucidum*、桉树 *Eucalyptus robusta*、苦楝 *Melia azedarach*、红椿 *Toona ciliata*、臭椿 *Ailanthus altissima*、山麻黄 *Ephedra equisetina*、枇杷 *Eriobotrya japonica*、核桃 *Juglans regia*、板栗 *Castanea mollissima*、柑橘 *Citrus reticulata*、厚朴 *Magnolia officinalis*、杜仲 *Eucommia ulmoides*、黄柏 *Phellodendron amurense*、油桐 *Vernicia fordii*、山桐子 *Idesia polycarpa*
	竹类	毛竹 *Phyllostachys heterocycla* cv. *Pubescens*、慈竹 *Neosinocalamus affinis*、苦竹 *Pleioblastus amarus*、硬头黄竹 *Bambusa rigida*、麻竹 *Dendrocalamus latiflorus*、雷竹 *Phyllostachys praecox* cv.*Prevernalis*
	灌木	夹竹桃 *Nerium indicum*、闹羊花 *Rhododendron molle*、野八角 *Illicium simonsii*、小檗 *Berberis thunbergii*、芫花 *Daphne genkwa*、茶树 *Pistacia chinensis*、马桑 *Coriaria nepalensis*、黄荆 *Vitex negundo*、麻风树 *Jatropha carcas*、花椒 *Zanthoxylum bungeanum*
	草本	半夏 *Pinellia ternata*、大戟 *Euphorbia pekinensis*、商陆 *Phytolacca acinosa*、龙牙草 *Agrimonia pilosa*、蛇莓 *Duchesnea indica*、大麻 *Cannabis sativa*、葎草 *Humulus scandens*、苎麻 *Boehmeria grandifolia*、土荆芥 *Chenopodium ambrosioides*、益母草 *Leonurus artemisia*、香根草 *Vetiveria zizanioides*、青蒿 *Artemisia carvifolia*、苦蒿 *Acroptilon repens*

图1　抑螺防病林

图2　抑螺防病林-2

全国林业血防工程规划布局示意图

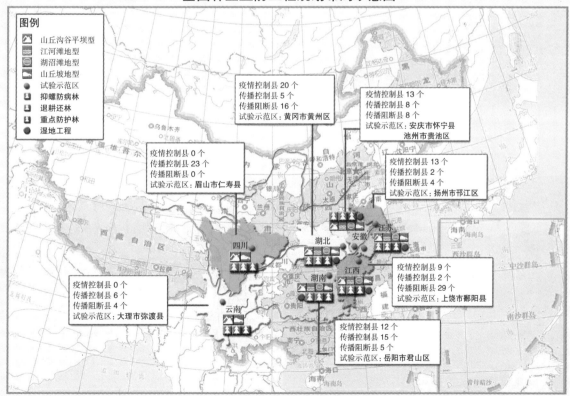

制图：中国林业科学研究院林业研究所

图3　全国林业血防工程建设范围

图 4　血吸虫病危害

图 5　流行区原貌 -1 湖滩枯水期

图 6　流行区原貌 -2 湖滩局部水淹

图 7　流行区原貌 -3 江滩

图 8　流行区复杂环境 -1

图 9　流行区复杂环境 -2

图 10　疫区钉螺密布 -1

图 11　疫区钉螺密布 -2

图 12　疫区钉螺密布 -3

图 13　疫区到处存在的耕牛传染源

图 14　项目负责人现场调研 -1

图 15　项目负责人现场调研 -4

图 16 项目负责人现场调研-2

图 17 项目负责人现场调研-3

图 18 荒滩整治-1

图 19 林地整治-2

图 20 机耕-1

图 22 机耕-2

图 23　道路建设

图 24　开沟沥水

图 25　沟沟相通

图 26　林地平整

图 27　整治后林地

图 28　低洼地沟垄整治

图 29　抑螺防病初貌

图 30　抑螺树种——乌桕的种苗培育

图 31　抑螺植物 - 枫杨的种质资源收集保存

图 32　滩地主要造林树种杨树优良种苗繁育

图 33　滩地宽行顺水流栽植

图 34　宽行距利于林下间种

图 35 局部低洼地挖沟抬垄造林

图 36 水中血防林 - 远景 1

图 37 水中血防林 -2 近景

图 38 水中血防林 -3 林中

图 39 滩地林油复合经营模式

图 40 滩地林麦复合经营模式

图41 林-花生复合经营

图42 林-蔬菜复合经营

图43 林-南瓜复合经营

图44 林-大麦复合经营

图45 林-棉复合经营

图46 林-马铃薯复合经营

图 47　林 - 西瓜复合经营

图 48　郁闭林下间种抑螺药用植物益母草模式

图 49　郁闭林下中药材 - 半夏

图 50　抑螺植物枫杨林

图 51　绿化植物血防林

图 52　多树种混交林

图 53　林下养殖模式

图 54　宽窄行模式

图 55　抑螺防病林成林

图 56　水岸抑螺防病林

图 57　低洼滩地养殖 -1

图 58　低洼滩地养殖 -2

图 59 滩地围网养鱼 -3

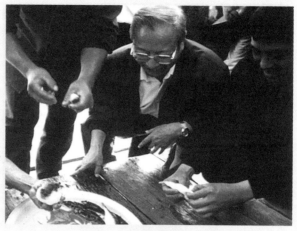

图 60 河豚等特种水产养殖

图 61 螃蟹养殖

图 62 珍珠培育

图 63 养鸭

图 64 高原疫区核桃林

图 65　山丘区退田还林经济林复合经营模式

图 66　山丘区建立具有抑螺作用花椒经济林，并开展林下养鸡

图 67　花椒果挂枝头

图 68　山丘区竹林模式

图 69　山丘坡面巨桉抑螺林

图 70　坡地香樟林模式

图 71　山丘桑林

图 72　山丘油茶模式

图 73　浅丘林渔模式

图 74　沟渠抑螺植物边栽植香根草带

图 75　渠边抑螺植物夹竹桃

图 76　隔离栏-1 控制传染源牛的进入

图 77 隔离栏 -2

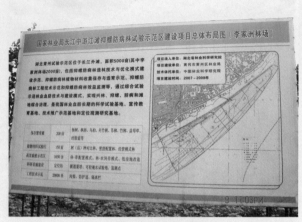

图 78 试验示范区

图 79 项目负责人研究木材材性

图 80 项目负责人调查林木生长状况

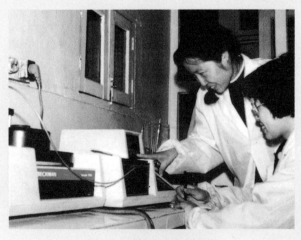

图 81 钉螺生理生化测定

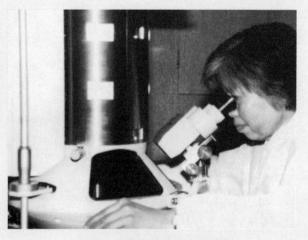

图 82 电镜分析钉螺超微结构

图 83　林间生态因子测定

图 84　流速测定

图 85　水淹钉螺试验

图 86　螺情调查

图 87　滩地地下水位观测

图 88　天牛辐射处理雄性不育试验

图 89　不同树种抑螺试验处理区

图 90　前期使用的生态观测架

图 91　血防林碳水通量定位监测

图 92　血防林生态因子动态监测

图 93　全国林业血防工作会议

图 94　全国政协开展林业血防调研 -1

图 95　全国政协开展林业血防调研 -2

图 96　项目科研会议 -1

图 97　项目科研会议 -2

图 98　林业血防培训 -1

图 99　林业血防培训 -2

图 100　项目成果鉴定会

图 101 专家对项目给予高度评价 -1

图 102 专家对项目评价 -2

图 103 国际交流 -1 美国加州大学考察现场

图 104 国际交流 -2 美籍华人冒雨赴试验点参观

图 105 项目负责人在国外与同行交流 -1

图 106 项目负责人在国外与同行交流 -2

图 107　各省各部门成立机构，重视血防林建设

图 108　成材的杨树参天入云

图 109　丰收在望的麦子

图 110　收获林下蔬菜

图 111　收获的木材

图 112　捕鱼 -1

图 113 捕鱼 -2

图 114 喜庆丰收——花椒节

图 115 提供了新的就业机会 -1

图 116 提供了新的就业机会 -2

图 117 提供了新的就业机会 -3

图 118 促进了产业发展 -1

图 119 促进了产业发展 -2

图 120 促进了产业发展 - 胶合板加工

图 121 促进了产业发展 - 纤维板加工

图 122 改善了生态环境 -1 黄州沿江绿色血防林带

图 123 改善了生态环境 -2 山丘区林木葱翠

图 124 秀美新农村

图 125　新的血防林茁壮成长

图 126　林业血防前景广阔

■ 内容简介

　　党的十八大把生态文明建设放在突出地位，将生态文明建设提高到一个前所未有的高度，并提出建设美丽中国的目标，通过大力加强生态建设，实现中华疆域山川秀美，让我们的家园林荫气爽、鸟语花香，清水常流、鱼跃草茂。

　　2002年，在中央和国务院领导亲自指导下，中国林业科学研究院院长江泽慧教授主持《中国可持续发展林业战略研究》，从国家整体的角度和发展要求提出生态安全、生态建设、生态文明的"三生态"指导思想，成为制定国家林业发展战略的重要内容。国家科技部、国家林业局等部委组织以彭镇华教授为首的专家们开展了"中国森林生态网络体系工程建设"研究工作，并先后在全国选择25个省（自治区、直辖市）的46个试验点开展了试验示范研究，按照"点"（北京、上海、广州、成都、南京、扬州、唐山、合肥等）"线"（青藏铁路沿线，长江、黄河中下游沿线，林业血防工程及蝗虫防治等）"面"（江苏、浙江、安徽、湖南、福建、江西等地区）理论大框架，面对整个国土合理布局，针对我国林业发展存在的问题，直接面向与群众生产、生活，乃至生命密切相关的问题；将开发与治理相结合，及科研与生产相结合，摸索出一套科学的技术支撑体系和健全的管理服务体系，为有效解决"林业惠农""既治病又扶贫"等民生问题，优化城乡人居环境，提升国土资源的整治与利用水平，促进我国社会、经济与生态的持续健康协调发展提供了有力的科技支撑和决策支持。

　　"中国森林生态网络体系建设出版工程"是"中国森林生态网络体系工程建设"等系列研究的成果集成。按国家精品图书出版的要求，以打造国家精品图书，为生态文明建设提供科学的理论与实践。其内容包括系列研究中的中国森林生态网络体系理论，我国森林生态网络体系科学布局的框架、建设技术和综合评价体系，新的经验，重要的研究成果等。包含各研究区域森林生态网络体系建设实践，森林生态网络体系建设的理念、环境变迁、林业发展历程、森林生态网络建设的意义、可持续发展的重要思想、森林生态网络建设的目标、森林生态网络分区建设；森林生态网络体系建设的背景、经济社会条件与评价、气候、土壤、植被条件、森林资源评价、生态安全问题；森林生态网络体系建设总体规划、林业主体工程规划等内容。这些内容紧密联系我国实际，是国内首次以全国国土区域为单位，按照点、线、面的框架，从理论探索和实验研究两个方面，对区域森林生态网络体系建设的规划布局、支撑技术、评价标准、保障措施等进行深入的系统研究；同时立足国情林情，从可持续发展的角度，对我国林业生产力布局进行科学规划，是我国森林生态网络体系建设的重要理论和技术支撑，为圆几代林业人"黄河流碧水，赤地变青山"梦想，实现中华民族的大复兴。

作者简介

　　彭镇华教授，1964年7月获苏联列宁格勒林业技术大学生物学副博士学位。现任中国林业科学研究院首席科学家、博士生导师。国家林业血防专家指导组主任，《湿地科学与管理》《中国城市林业》主编，《应用生态学报》《林业科学研究》副主编等。主要研究方向为林业生态工程、林业血防、城市森林、林木遗传育种等。主持完成"长江中下游低丘滩地综合治理与开发研究"、"中国森林生态网络体系建设研究"、"上海现代城市森林发展研究"等国家和地方的重大及各类科研项目30余项，现主持"十二五"国家科技支持项目"林业血防安全屏障体系建设示范"。获国家科技进步一等奖1项，国家科技进步二等奖2项，省部级科技进步奖5项等。出版专著30多部，在《Nature genetics》、《BMC Plant Biology》等杂志发表学术论文100余篇。荣获首届梁希科技一等奖，2001年被授予九五国家重点攻关计划突出贡献者，2002年被授予"全国杰出专业人才"称号。2004年被授予"全国十大英才"称号。